畜禽标准化养殖主推技术系列丛书

肉鸡标准化养殖主推技术

李淑青　曹顶国　主编

中国农业科学技术出版社

图书在版编目（CIP）数据

肉鸡标准化养殖主推技术／李淑青，曹顶国主编．—北京：中国农业科学技术出版社，2016.5

ISBN 978－7－5116－2577－9

Ⅰ.①肉…　Ⅱ.①李…②曹…　Ⅲ.①肉用鸡－饲养管理－标准化　Ⅳ.①S831.4

中国版本图书馆 CIP 数据核字（2016）第 071377 号

选题策划　李金祥　闫庆健
责任编辑　闫庆健
责任校对　马广洋

出 版 者　中国农业科学技术出版社
北京市中关村南大街 12 号　邮编：100081
电　　话　(010)82106632(编辑室)　(010)82109702(发行部)
(010)82109709(读者服务部)
传　　真　(010)82106625
网　　址　http://www.castp.cn
经 销 者　各地新华书店
印 刷 者　北京华正印刷有限责任公司
开　　本　850mm×1 168mm　1/32
印　　张　7.5
字　　数　181 千字
版　　次　2016 年 5 月第 1 版　2016 年 5 月第 1 次印刷
定　　价　28.00 元

《畜禽标准化养殖主推技术丛书》

编 委 会

《肉鸡标准化养殖主推技术》

编 委 会

主　编　李淑青　曹顶国

副主编　雷秋霞　李福伟　李晓红

参编人员

李淑青　（山东农业工程学院）

曹顶国　（山东省农业科学院家禽研究所）

雷秋霞　（山东省农业科学院家禽研究所）

李福伟　（山东省农业科学院家禽研究所）

李晓红　（济南护理职业学院）

逯　岩　（山东省农业科学院）

许传田　（山东省农业科学院家禽研究所）

张秀美　（山东省农业科学院家禽研究所）

李桂明　（山东省农业科学院家禽研究所）

李福伟　（山东省农业科学院家禽研究所）

周　艳　（山东省农业科学院家禽研究所）

韩海霞　（山东省农业科学院家禽研究所）

陶庆树　（山东农业工程学院）

周佳萍　（山东农业工程学院）

马　健　（山东农业工程学院）

郑麦青　（中国农业科学院北京畜牧兽医研究所）

赵桂苹　（中国农业科学院北京畜牧兽医研究所）

序

我国是畜牧业生产大国。经过多年的发展，畜牧业培育了比较充足的生产能力，建立了充满活力的发展机制和稳定可控的质量安全系统，形成了较为完善的畜牧业政策体系，为建设现代畜牧业奠定了坚实基础。“十三五”是我国进入全面建成小康社会的决胜阶段，保障肉蛋奶有效供给和质量安全、推动种养结合循环发展、促进养殖增收和草原增绿，任务繁重而艰巨，面临着诸多亟待解决的问题：畜产品消费增速放缓使增产和增收之间矛盾突出，资源环境约束趋紧对传统养殖方式形成了巨大挑战，廉价畜产品进口冲击对提升国内畜产品竞争力提出了迫切要求，食品安全关注度的提高使畜禽产品质量安全监管面临着更大的压力。因此，如何正确判断形势，充分发挥科技支撑在产业发展中的作用，提高现代农业技术的推广速度，解决畜牧业生产中的各种问题是广大科技工作者和农技推广者面临的重大课题。

“十二五”期间，为加快推进畜禽标准化规模养殖，加快转变畜牧业生产方式，不断提升畜禽养殖生产水平，农业部

从解决我国畜牧业发展过程中长期积累的矛盾着手，制定了提高标准化规模养殖水平的畜禽发展战略并开展了以畜禽良种化、养殖设施化、生产规范化、防疫制度化和粪污无害化为主的畜禽养殖标准化示范创建活动。2010—2015 年，共创建畜禽养殖标准化示范场 4 039家，畜禽产量、质量和效益明显提高，生态、经济、社会三大效益显著，发挥了良好的示范效果和带动效应，增强了农民标准化意识，深受广大养殖户的欢迎。

2016 年，农业部提出继续开展畜禽养殖标准化示范创建活动，计划再创建 500 个畜禽标准化示范场。为了配合农业部畜禽养殖标准化示范创建活动，进一步提升畜禽规模化养殖生产水平，中国农业科学技术出版社组织专家编写了《畜禽标准化养殖主推技术丛书》。该套丛书紧紧围绕“五化”主推技术，图文并茂，深入浅出地解析了畜禽标准化规模养殖技术，总结标准化示范场的先进经验，重在解决转变畜牧业发展方式过程中存在的一些共性问题和难点问题；有针对性地介绍了不同地域、不同养殖规模的畜禽养殖主推技术模式。相信该套丛书的出版对提高我国畜禽标准化规模养殖水平、增强和稳定我国畜禽产品市场供给能力、减少重大疫病发生、提升畜禽产品质量安全水平等发挥积极的作用。

丛书的作者主要来自国家畜禽产业技术体系、中国农业科学院北京畜牧兽医研究所、山东省农业科学院家禽研究所、山东农业工程学院、山东省农业科学院畜牧兽医研究所、江苏农牧科技职业学院、安徽科技学院等多个单位的一线专家和学者，在此向笔耕不辍、辛勤付出的专家们表示敬意！

李金祥

2016年3月

前 言

肉鸡产业具有生产周期短，经济效益显著的特点，在我国调整农业产业结构、促进农民增收方面具有重要作用，但是传统的、规模小、工艺落后的小型养殖场存在场址选择随意、饲养工艺落后、饲料添加剂和抗生素滥用等问题，致使环境污染严重、肉鸡生产性能差、产品质量不可靠，造成了消费者对鸡肉产品的不信任。

2010 年农业部下发专门文件《农业部关于加快推进畜禽标准化规模养殖的意见》，明确提出“畜禽标准化规模养殖是现代畜牧业发展的必由之路”。肉鸡标准化规模养殖能够运用科学有效的方法进行现代化养殖，对增强（稳定）我国鸡肉市场供给能力、减少重大疫病发生、提升鸡肉产品质量安全水平等方面起到了积极的作用，但是也要清醒地认识到，小规模分散饲养仍占相当大的比重，规模化养殖场的标准化生产水平也参差不齐。基于以上原因组织编写了这本书，期望能够给养殖场、养殖技术人员以及从事畜牧兽医行业的同仁们一些启示。

本书内容根据养殖标准化的含义即肉鸡良种化、养殖设施、生产规范、防疫制度、粪污处理等方面，图文并茂、深入浅出地解析肉鸡标准化规模养殖技术，总结标准化示范场的先进经验，充分发挥示范引领作用，重在解决转变畜牧业发展方式过程中一些共性问题、难点问题，有利于推动我国肉鸡标准化规模养殖水平进一步提高，对今后肉鸡标准化养殖也具有指导意义。

本书编者主要来自国家肉鸡产业技术体系、山东省农业科学院家禽研究所、山东农业工程学院、山东省农业科学院畜牧兽医研究所等多个单位，在此对各位专家的辛勤付出表示感谢!

本书中设施设备等照片多数是在考察畜禽养殖标准化示范场的过程中拍摄的，病例图片由山东省农业科学院畜牧兽医研究所提供，少部分照片来源于网络。在此向各示范场的配合、网络照片的拍摄者表示感谢!

由于编者的知识、能力和水平有限，时间仓促，错误与疏忽在所难免，请广大读者批评指正。

编者

2016 年 2 月

目 录

第一章　肉鸡良种化

优良的品种是畜牧业发展的前提，是现代养殖业的标志，良种化程度的高低，决定了养殖业的产业效益，是实现产业化、标准化、国际化的基础。

20 世纪 80 年代初期，我国开始从国外引进部分快大型肉鸡品种，因此肉鸡的良种化一直走在我国畜牧业的前列。目前我国肉鸡生产的主导品种分为三类，分别是从国外引进的快大型白羽肉鸡、我国自主培育的优质肉鸡和“817”小型肉鸡（肉杂鸡）。

第一节　快大型白羽肉鸡

现代肉鸡育种起始于 20 世纪 20 年代，育种科学家运用传统数量遗传学、现代分子育种等理论，培育出了生产性能卓越的品种。就目前实际饲养看，在我国生产性能表现较好、饲养量较大的快大型白羽肉鸡主要有爱拔益加（AA）、科宝－500、艾维茵和罗斯－308。

一、爱拔益加

爱拔益加肉鸡又称 AA 肉鸡，是美国爱拔益加公司培育的四系配套杂交肉用鸡。该鸡特点是生长快，耗料少，适应性

强。目前，世界上有 20 多个国家设有独资或合资的种鸡公司。我国从 1981 年起，就有广东、上海、江苏、北京和山东等许多省、市先后引进了爱拔益加的祖代种鸡，父母代与商品代的饲养已遍布全国，深受生产者和消费者欢迎，成为我国白羽肉鸡市场的重要品种。目前在我国市场上推广应用的为 AA + 肉鸡，羽毛白色，单冠，体型大，胸宽腿粗，肌肉发达，尾羽短。商品代生产性能 42 日龄体重 2 637 克，料肉比 1.77 : 1，49 日龄体重 3 234 克，料肉比为 1.91 : 1。胸肉、腿肉率高，在体重 2 800 克时屠宰测定，公鸡胸肉重 537.32 克，腿肉重 455.84 克；母鸡胸肉重 548.8 克，腿肉重 433.72 克（图 1 –1，图 1 –2）。

图 1 –1　爱拔益加公鸡

图 1 –2　爱拔益加母鸡

二、罗斯 –308

罗斯 –308 肉鸡，是由英国罗斯肉鸡公司培育出来的优良品种。罗斯－308以其种鸡出雏率高，肉仔鸡成活率高，生长速度快，饲料报酬高，屠宰率和胸肌率高等优势而广泛分布于世界各地。我国从1992年由农业部国家家禽育种中心引进罗斯－308祖代，1995年开始推广。商品代的生产性能卓越，羽速自别雌雄。42日龄平均体重2 652克，料肉比1.75∶1，49日龄体重3 264克，料肉比1.89∶1。体重2 800克时屠宰测定，公鸡胸肉重542.92克，腿肉重450.8克；母鸡胸肉重554.68克，腿肉重428.96克（图1－3）。

图1－3　罗斯－308公母鸡

三、科宝－500

科宝－500原产于美国，是美国COBB公司培育的白羽肉鸡品种，1993年广州穗屏企业有限公司引入，其主要优点有：

体型大，胸深背阔，单冠直立，冠髯鲜红，虹彩橙黄，脚高而粗，肌肉丰满（图1－4，图1－5）。42日龄体重2 626克，料肉比1.76∶1，49日龄体重3 177克，料肉比1.90∶1，全期成活率95.2%。45日龄公母鸡平均半净膛率85.05%，全净膛率为79.38%，胸腿肌率31.57%。

图1－4　科宝－500公鸡

图1－5　科宝－500母鸡

四、艾维茵

艾维茵肉鸡是美国艾维茵农场育种公司培育的四系配套白羽肉鸡，1985年由中、美、泰三方合资的“北京家禽育种有限公司”引进曾祖代种鸡，1988年经农业部验收合格，至1990年已向国内外大量推广祖代及父母代种鸡，各地引进该品种表明，生产性能与AA鸡相似。目前在全国大部分省

（自治区、直辖市）建有祖代和父母代种鸡场，是白羽肉鸡中饲养较多的品种。艾维茵肉鸡为显性白羽肉鸡，体型饱满，胸宽、腿短、黄皮肤，具有增重快、成活率高、饲料报酬高的优良特点。商品代公母混养 49 日龄体重 3 177 克，料肉比为 1.84∶1（图 1－6）。

图 1－6　艾维茵公母鸡

五、安卡红

安卡红（ANAK40）为生长速度最快的有色羽肉鸡之一，具有适应性强、耐应激、长速快、饲料报酬高等特点。四系配套，原产于以色列国，1994 年 10 月上海市华青曾祖代肉鸡场引进。

安卡红黄羽，单冠，体貌黄中偏红，黄腿，黄皮肤。部分鸡颈部和背部有麻羽（图 1－7）。49 日龄平均活重 1 930 克，料肉比 2∶1。与国内的地方鸡种杂交有很好的配合力。

国内目前多数的速生型黄羽肉鸡都含有安卡红血液。国内部分地区使用安卡红公鸡与商品蛋鸡或地方鸡种杂交，生产黄杂鸡。

图1－7 安卡红公母鸡

第二节 优质肉鸡

优质肉鸡业是我国畜牧业最具特色的产业之一，不同地区的消费者对鸡的外貌、羽色、胫部颜色粗细、皮肤颜色、体型大小等方面有不同的要求，对优质肉鸡的理解有所差异，而且不同地区经济发展、人文环境、烹饪方法及口味差异也很大，因此很难给优质肉鸡下一个确切的定义。一般认为优质肉鸡是指饲养期较长、肉质鲜美、体型外貌符合消费者的喜好及消费习惯、销售价格较高的地方鸡种或杂交改良鸡种。优质肉鸡一般是按照生长速度分为3种类型，即快速型、中速型（仿土鸡）和慢速型（优质型，柴鸡），不同的市场对外观和生长速度有不同的要求。快速型优质肉鸡50～55日龄上市，活重1 500～1 700克。中速型优质肉鸡公鸡一般70日龄上市，母鸡80～90日龄上市，活重一般在1 500克左右。

中速型含外来鸡种血缘较少，体型外貌类似地方鸡种，因此也称为仿土鸡。慢速型以地方品种或以地方品种为主要血缘的鸡种，生产速度较慢，但肉质优良。按照羽色主要有两种类型，即三黄鸡、青脚麻鸡，前者适应以两广、香港为代表的南方市场，后者适应我国北方市场。公鸡 80 ~ 90 日龄出栏，母鸡 100 ~ 120 日龄出栏，活重 1 200 ~ 1 400 克。经过多年发展，优质肉鸡区域优势明显，品种特点突出，生产性能与产品质量稳步提高，市场份额不断扩大。截至 2014 年 3 月，国家畜禽遗传资源委员会审定通过的家禽新品种（配套系）52 个，其中，肉（兼）用型鸡 42 个、蛋用型鸡 7 个、水禽 2 个、鹌鹑 1 个（见表 1 – 1）。

表 1 – 1　通过国家审定的家禽新品种（配套系）名录

证书编号	品种（配套系）名称	公告时间	第一培育单位
农 09 新品种证字第 1 号	康达尔黄鸡 128 配套系	1999	深圳康达尔（集团）有限公司家禽育种中心
农 09 新品种证字第 2 号	新扬褐壳蛋鸡配套系	2000	上海新扬家禽育种中心
农 09 新品种证字第 3 号	江村黄鸡 JH – 2 号配套系	2002	广州市江丰实业有限公司
农 09 新品种证字第 4 号	江村黄鸡 JH – 3 号配套系	2002	广州市江丰实业有限公司
农 09 新品种证字第 5 号	新兴黄鸡 2 号配套系	2002	广东温氏食品集团有限公司
农 09 新品种证字第 6 号	新兴矮脚黄鸡配套系	2002	广东温氏食品集团有限公司
农 09 新品种证字第 7 号	岭南黄鸡 1 号配套系	2003	广东省农业科学院畜牧研究所
农 09 新品种证字第 8 号	岭南黄鸡 2 号配套系	2003	广东省农业科学院畜牧研究所
农 09 新品种证字第 9 号	京星黄鸡 100 配套系	2003	中国农业科学院畜牧研究所
农 09 新品种证字第 10 号	京星黄鸡 102 配套系	2003	中国农业科学院畜牧研究所
农 09 新品种证字第 11 号	农大 3 号小型蛋鸡配套系	2004	中国农业大学动物科学技术学院

（续表）

证书编号	品种（配套系）名称	公告时间	第一培育单位
农09新品种证字第12号	邵伯鸡配套系	2005	江苏省家禽科学研究所
农09新品种证字第13号	鲁禽1号麻鸡配套系	2006	山东省农业科学院家禽研究所
农09新品种证字第14号	鲁禽3号麻鸡配套系	2006	山东省农业科学院家禽研究所
农09新品种证字第15号	文昌鸡	2007	海南省农业厅
农09新品种证字第16号	新兴竹丝鸡3号配套系	2007	广东温氏南方家禽育种有限公司
农09新品种证字第17号	新兴麻鸡4号配套系	2007	广东温氏南方家禽育种有限公司
农09新品种证字第18号	粤禽皇2号鸡配套系	2007	广东粤禽育种有限公司
农09新品种证字第19号	粤禽皇3号鸡配套系	2007	广东粤禽育种有限公司
农09新品种证字第20号	京海黄鸡	2009	江苏京海禽业集团有限公司
农09新品种证字第21号	京红1号蛋鸡配套系	2009	北京市华都峪口禽业有限责任公司
农09新品种证字第22号	京粉1号蛋鸡配套系	2009	北京市华都峪口禽业有限责任公司
农09新品种证字第23号	良凤花鸡配套系	2009	广西壮族自治区南宁市良凤农牧有限责任公司
农09新品种证字第24号	墟岗黄鸡1号配套系	2009	广东省鹤山市墟岗黄畜牧有限公司
农09新品种证字第25号	皖南黄鸡配套系	2009	安徽华大生态农业科技有限公司
农09新品种证字第26号	皖南青脚鸡配套系	2009	安徽华大生态农业科技有限公司
农09新品种证字第27号	皖江黄鸡配套系	2009	安徽华卫集团禽业有限公司
农09新品种证字第28号	皖江麻鸡配套系	2009	安徽华卫集团禽业有限公司
农09新品种证字第29号	雪山鸡配套系	2009	江苏省常州市立华畜禽有限公司
农09新品种证字第30号	苏禽黄鸡2号配套系	2009	江苏省家禽科学研究所
农09新品种证字第31号	金陵麻鸡配套系	2009	广西金陵养殖有限公司

（续表）

证书编号	品种（配套系）名称	公告时间	第一培育单位
农 09 新品种证字第 32 号	金陵黄鸡配套系	2009	广西金陵养殖有限公司
农 09 新品种证字第 33 号	岭南黄鸡 3 号配套系	2010	广东智威农业科技股份有限公司
农 09 新品种证字第 34 号	金钱麻鸡 1 号配套系	2010	广州宏基种禽有限公司
农 09 新品种证字第 35 号	南海黄麻鸡 1 号	2010	佛山市南海种禽有限公司
农 09 新品种证字第 36 号	弘香鸡	2010	佛山市南海种禽有限公司
农 09 新品种证字第 37 号	新广铁脚麻鸡	2010	佛山市高明区新广农牧有限公司
农 09 新品种证字第 38 号	新广黄鸡 K996	2010	佛山市高明区新广农牧有限公司
农 09 新品种证字第 39 号	大恒 699 肉鸡配套系	2010	四川大恒家禽育种有限公司
农 09 新品种证字第 40 号	新杨白壳蛋鸡配套系	2010	上海家禽育种有限公司
农 09 新品种证字第 41 号	新杨绿壳蛋鸡配套系	2010	上海家禽育种有限公司
农 09 新品种证字第 42 号	凤翔青脚麻鸡	2011	广西凤祥集团畜禽食品有限公司
农 09 新品种证字第 43 号	凤翔乌鸡	2011	广西凤祥集团畜禽食品有限公司
农 09 新品种证字第 44 号	苏邮 1 号蛋鸭	2011	江苏高邮集团
农 09 新品种证字第 45 号	天府肉鹅	2011	四川农业大学
农 09 新品种证字第 46 号	五星黄鸡	2011	安徽五星食品股份有限公司
农 09 新品种证字第 47 号	金种麻黄鸡	2012	惠州市金种家禽发展有限公司
农 09 新品种证字第 48 号	神丹 1 号鹌鹑	2012	湖北省农业科学院畜牧兽医研究所
农 09 新品种证字第 53 号	大午粉 1 号蛋鸡	2013	河北大午农牧集团种禽有限公司
农 09 新品种证字第 54 号	苏禽绿壳蛋鸡	2013	江苏省家禽科学研究所 扬州翔龙禽业发展有限公司
农 09 新品种证字第 55 号	天露黄鸡	2014	广东温氏食品集团股份有限公司
农 09 新品种证字第 56 号	天露黑鸡	2014	广东温氏食品集团股份有限公司

一、快速型优质肉鸡

快速型优质肉鸡一般在49日龄至70日龄上市，体重超过1 300克。

（一）康达尔128配套系

康达尔128配套系是最早通过国家家禽品种审定委员会审定通过的配套系，是由深圳康达尔养鸡有限公司育成。该公司是在广东石岐杂鸡的基础上，从其所建立的十余个黄鸡的品系基因库中，应用传统和现代育种技术相结合的方法，经过多年有针对性地对各个品系的经济性状选择，通过品系选育，利用杂交优势理论，进行品系杂交配套筛选得到。

康达尔128配套系属快速型黄羽肉鸡。具有毛黄、皮黄、脚黄的“三黄”特征，全身黄色羽毛，色度均匀。红色单冠，尾羽有4～6片黑羽，母鸡颈羽有少许黑色镶边。胸部发达，肌肉厚实。公鸡40～56天出栏，体重1.5～1.8千克，料肉比（2.0～2.1）：1；母鸡50～65天出栏，体重1.5～2.0千克，料肉比（2.1～2.3）：1。

（二）京星黄鸡102配套系

京星黄羽肉鸡是由中国农业科学院北京畜牧兽医研究所通过近二十年科技攻关培育出的优质肉鸡新品系。在闭锁群家系选育的基础上，采用分子标记辅助选择，对纯系开展风味物质含量和抗病力的选育提高，并采用平衡制种技术综合提高配套系遗传性能而选育成功的。包括“京星黄鸡100”配套系和“京星黄鸡102”配套系。其中，京星黄鸡102配套

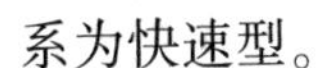

系为快速型。

京星黄鸡 102 配套系商品鸡 50 日龄公鸡平均体重 1 500 克，料肉比 2.03：1，63 日龄母鸡平均体重 1 680克，料肉比 2.38：1。

（三）岭南黄鸡Ⅱ号

岭南黄鸡配套系是广东省农业科学院畜牧研究所岭南家禽育种公司经过多年培育而成的黄羽肉鸡配套系（图 1－8）。从 1986 年开始，利用不同的育种素材，结合常规育种方法和现代育种技术，通过对羽色、体型外貌、生长速度、繁殖力和肉质风味等性能的综合选择，选育得到。岭南黄鸡 Ⅱ 号属于快长型的配套系。商品代可羽速自别雌雄，公鸡为慢羽，母鸡为快羽。公鸡羽毛呈金黄色，母鸡全身羽毛黄色，部分鸡颈羽、主翼羽、尾羽为麻黄色。黄胫、黄皮肤，体型呈楔形，单冠，快长，早熟。具外貌特征优美、整齐度高、快长、优质的特点。公鸡 50 日龄体重 1 750 克，料肉比 2.1：1，母鸡 56 天体重 1 500 克，料肉比 2.30：1，成活率 98%。

（四）苏禽黄鸡 2 号

由江苏省家禽科学研究所培育（图 1－9）。49 日龄平均体重为 1 797.3克，成活率 98.67%，料肉比 2.04：1；56 日龄平均体重 2 059.5克，成活率 98.33%，料肉比 2.15：1。屠宰率 91.55%，胸肌率 17.42%，腿肌率 19.07%，腹脂率 3.47%。

二、中速型优质肉鸡

中速型优质肉鸡一般在 70 日龄至 100 日龄上市，体重

图 1－8　岭南黄Ⅱ号配套系

图 1－9　苏禽黄鸡 2 号配套系

1 500～2 000克。以香港、澳门和广东珠江三角洲地区等经济发达地区为主要市场，内地市场有逐年增长的趋势。

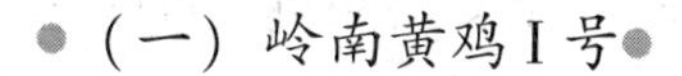

（一）岭南黄鸡Ⅰ号

岭南黄鸡Ⅰ号配套系是广东省农业科学院畜牧研究所岭南家禽育种公司经过多年培育而成的黄羽肉鸡配套系。岭南黄鸡Ⅰ号属于中速型的配套系。商品鸡63日龄公鸡平均体重1 950克，料肉比2.40∶1；母鸡1 450克，料肉比2.70∶1。成活率98%。

（二）鲁禽3号麻鸡配套系

鲁禽3号麻鸡配套系由山东省农业科学院家禽研究所培育。91日龄公母平均体重1 856克，料肉比3.36∶1。屠宰率88%，半净膛率82%，全净膛率63%，胸肌率17%，腿肌率23%（图1－10）。

图1－10　鲁禽3号麻鸡配套系

（三）金陵黄鸡

由广西金陵养殖有限公司培育（图1－11）。公鸡70日龄以后上市，出栏体重1 730～1 850克，料肉比（2.3～2.5）∶1；

母鸡80日龄以后上市，出栏体重1 650～1 750克，料肉比(2.5～3.3)：1。全期公鸡、母鸡饲养成活率95%以上。屠宰率89.56%，半净膛率82.25%，全净膛率69%，胸肌率15.9%，腹脂率3.58%。

图1－11　金陵黄鸡

三、慢速型优质肉鸡

普遍100日龄以后上市，上市体重在1 100克以上。

（一）清远麻鸡

清远麻鸡属肉用型品种，原产于广东省清远县（现清远市）。因母鸡背侧羽毛有细小黑色斑点，故称麻鸡。它以体型小、皮下和肌间脂肪发达、皮薄骨软而著名，为我国活鸡出口的小型肉用名产鸡之一（图1－12）。

体型特征可概括为“一楔”“二细”“三麻身”。“一楔”指母鸡体型呈楔形，前躯紧凑，后躯圆大，“二细”指头细、脚细；“三麻身”指母鸡背羽面主要有麻黄、麻棕、麻褐三种颜色。在天然食饵较丰富的条件下，其生长较快，120 日龄公鸡体重为 1 250 克，母鸡为 1 000 克，但一般要到 180 日龄才能达到肉鸡上市的体重。在营养较合理的条件下，生长速度有所提高，公鸡、母鸡平均体重 35 日龄可达 309 克，84 日龄 951 克，105 日龄 1 157 克。

图 1－12　清远麻鸡

（二）汶上芦花鸡

原产于山东省汶上县的汶河两岸，与汶上县相邻地区也有分布，横斑羽是该鸡外貌的根本特点，全身大部分羽毛呈黑白相间、宽窄一致的斑纹状（图 1－13）。作为肉用时出栏时间为 120～150 日龄，公鸡平均体重 1 420 克，母鸡平均体重 1 278 克。半净膛率公鸡为 81.2%，母鸡 80.0%；全净膛率公鸡为 71.2%，母鸡 68.9%。

图 1－13 汶上芦花鸡

（三）粤禽皇 3 号

粤禽皇 3 号鸡配套系是广东粤禽育种有限公司充分利用我国地方鸡种的优良特性，适当引进国外优良品种，通过培育专门化纯系、杂交配套选育而成。基本保持了我国地方鸡种大部分优秀品质（图 1－14）。父母代产蛋多，饲养成本

图 1－14 粤禽皇 3 号

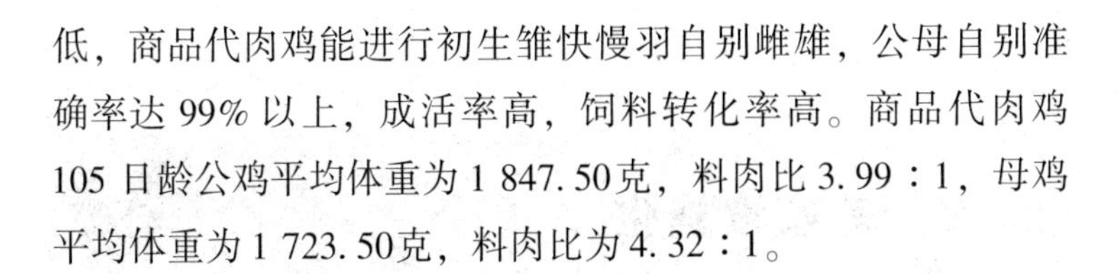

低，商品代肉鸡能进行初生雏快慢羽自别雌雄，公母自别准确率达 99% 以上，成活率高，饲料转化率高。商品代肉鸡 105 日龄公鸡平均体重为 1 847.50克，料肉比 3.99∶1，母鸡平均体重为 1 723.50克，料肉比为 4.32∶1。

第三节　“817”小型肉鸡

“817”小型肉鸡又称为“肉杂鸡”，由山东省农业科学院家禽研究所 1988 年推出的用快大型白羽肉鸡父母代父系公鸡作父本，与商品代褐壳蛋鸡杂交，生产小型肉鸡的一种杂交制种模式。此模式具有 3 个优点：一是商品代蛋鸡产蛋量高，制种成本低；二是肉质好、胸肌厚度适中，调味品容易渗入，腿长度适中，利于扒鸡、烧鸡等深加工产品造型；三是体型小，符合现代小型家庭一餐一只鸡的消费需求，深受市场欢迎。

该鸡全身白色，偶有黑色斑点，腿黄色，单冠直立，冠髯鲜红。出栏时间因用途而不同，用于制作扒鸡、烧鸡等传统深加工产品时，一般 30～35 日龄出栏，出栏体重 900 克～1 000克，料肉比 1.75∶1；用于生产西装鸡、分割鸡等产品时，一般饲养至 42～49 日龄出栏，出栏体重 1 200～1 400克，料肉比（1.85～2.0）∶1。

第二章 养殖设施化

养殖设施化的含义包括多个方面：养殖场选址、布局要科学合理；畜禽圈舍、饲养和环境控制等生产设施设备满足标准化生产需要。养殖设施化是饲养管理规范化的前提，可以优化鸡场的小气候，促进肉鸡健康生长。因此，养殖设施化是保障鸡场生物安全的条件，是隔绝外来疾病侵袭的的第一道屏障。

第一节 商品肉鸡场的选址

养殖场是从事动物生产的主要场所，养殖场环境的好坏，直接影响到畜舍内空气环境质量和生产的组织。良好的养殖场环境应具备的条件是：①保证场区具有良好的小气候条件，有利于畜舍内空气环境的控制。②消毒设施健全，便于严格执行各项卫生防疫制度和措施。③养殖场规划科学、布局合理，便于合理组织生产、提高设备利用率和职工劳动生产率。④便于畜禽粪便和污水的处理和利用。⑤便于原料的采购和产品的销售。因此，建立一个养殖场，必须从场址选择、场区规划布局以及场内卫生防疫设施等多方面综合考虑，合理设计，为家畜生产创造一个良好的环境。

场址选择是建立养殖场的开始，不仅要根据养殖场的经营方式（单一经营或综合经营）、生产特点（种畜场或商品场）、饲养管理方式（封闭或开放）及生产集约化程度等基本特点，而且要和人们的消费观念与消费水平、养殖生产的区域性、地方发展的方向及资源利用等情况相结合。

理想的养殖场场址需要具备以下条件：①满足基本的生产需要，包括饲料、水、电、供热燃料和交通；②足够大的面积，包括用于建设鸡舍、贮存饲料、堆放垫草及粪便，扩建等的土地；③适宜的周边环境，包括地形、地势、水源、土壤、地方性气候等自然条件，以及饲料和能源供应、交通运输、与工厂和居民点的相对位置和适宜方向，符合当地的区划和环境距离要求。

一、总体环境要求

防止污染环境　参照《中华人民共和国畜牧法（2006）》第四章第四十条的规定，禁止在下列区域内建设畜禽养殖场、养殖小区：生活饮用水的水源保护区，风景名胜区，以及自然保护区的核心区和缓冲区，城镇居民区、文化教育科学研究区等人口集中区域。农业部行业标准《无公害食品肉鸡饲养管理准则》中规定：“鸡场周围3 000米内无大型化工厂、矿厂等污染源；距其他畜牧场至少1 000米以上；鸡场距离干线公路、村镇等居民点至少1 000米以上。”肉鸡场与周围建筑（或道路）应该保持的距离（图2－1）。

国家标准《无公害畜禽肉产地环境要求》中规定：“养殖区周围500米范围内，水源上游没有对产地环境构成威胁

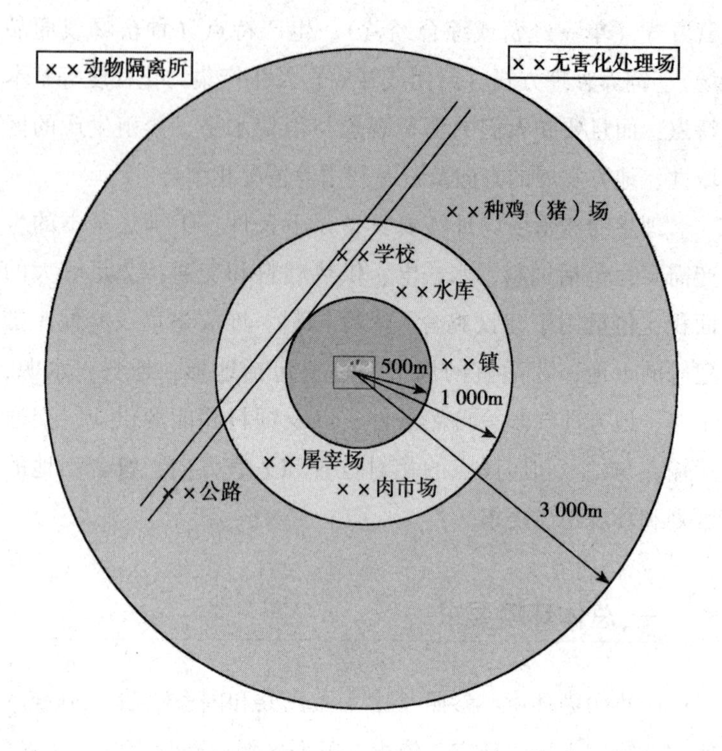

图 2－1　肉鸡场选址要求

的污染源，包括工业‘三废’，农业废弃物、医院废弃物、城市垃圾和生活污水等污物。”根据动物防疫条件审查办法（中华人民共和国农业部令 2010 年第 7 号）的规定，动物饲养场、养殖小区选址应当符合下列条件（图 2－2、图 2－3）：“（一）距离生活饮用水源地、动物屠宰加工场所、动物和动物产品集贸市场 500 米以上；距离种畜禽场 1 000米以上；距离动物诊疗场所 200 米以上；动物饲养场（养殖小区）之间距离不少于 500 米；（二）距离动物隔离场所、无害化处理场所 3 000米以上；（三）距离城镇居民区、文化教育科研等人口集中区域及公路、铁路等主要交通干线500米以上。”

图2－2　肉鸡场选址实例

图2－3　地形地势要求

二、地形地势要求

地势是指场地的高低起伏状况。养鸡场要选择在地势高燥、位于居民区及公共建筑下风向的地方。地面要平坦而稍有坡度，以便排水，地面坡度以2°～5°为理想，最大不过25°。山坡坡度大，暴雨时往往形成山洪，对家禽不够安全，而且修建禽舍时，施工困难，投资大，饲养管理及运输也不

便。地势低洼的场地容易积水、潮湿泥泞，夏季通风不良、空气闷热；冬季则阴冷。在丘陵山地建场要选择向阳坡，有利于冬季保温，阴坡地背阳，冬季迎风夏季背风，不利于小气候的维持。

地形是指场地的形状、范围以及地物的相对平面位置状况。要求地形整齐、开阔，有足够面积，不易选择狭长和多边场地，也不易建造山口和山坳中，鼓励选择山地、林地等非农耕地进行鸡场建设，利用地形、地势及自然林木形成天然的隔离带（图2－4）。

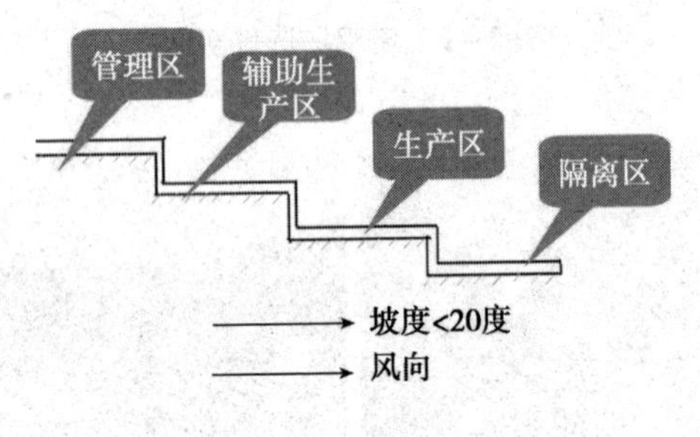

图2－4　鸡场选址要求

三、地质土壤要求

土壤是畜禽生存的重要环境，土壤的透气性、吸湿性、毛细管特性及土壤化学成分等不仅直接和间接影响养殖场的空气、水质和地上植被等，还影响土壤的净化作用。适合建造养殖场的土壤条件是：透气透水性强，毛细管作用弱；吸湿性和导热性小；质地均匀，抗压性强；土壤化学组成适宜，不对人畜造成危害（表2－1）。

表 2－1　三种土壤特性比较

类别	沙土	黏土	沙壤土
土壤颗粒	大	小	介于沙土与黏土之间
透水性	强	弱	良好
透气性	强	弱	良好
吸湿性	小	大	小
毛管作用	弱	强	居中
热容量	小	大	居中

土质对养殖场建筑物有着重要影响，沙壤土透气性强、透水性良好、质地均匀、导热性小，最适合场区建设。但在一些受客观条件限制的地方，无法选择理想的土壤条件，因此，需要在规划设计、施工建造和日常使用管理上，设法弥补土壤缺陷。此外还要注意鸡场应选择未被传染病或寄生虫病原体污染过的地方，地下水位也不宜过高（图 2－5）。

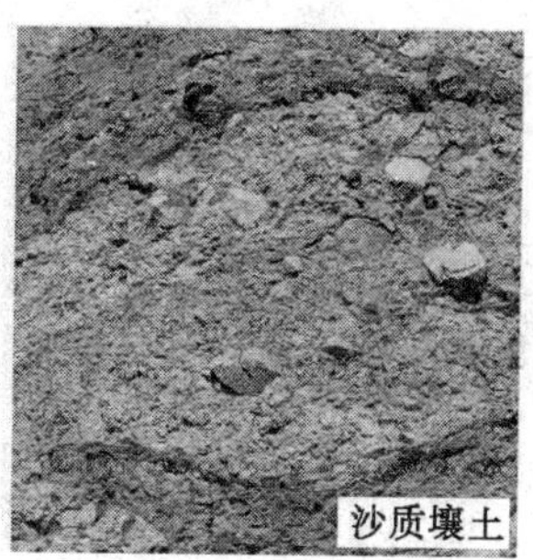

图 2－5　典型的沙土与壤土

四、水源水质要求

水是畜禽机体的基本组成部分，一般水约占体重的60% ~80%。畜禽的一切生命活动如养分的消化、吸收与运输，机体体热调节、物质代谢等，都必须在水的参与下才能进行，没有水就没有生命。养殖过程中畜禽饮用、饲料调制和畜舍、设施、畜体的清洗等都需要大量的水，因此，加强饮用水的管理，保证畜禽饮用水的供应和饮水卫生，满足畜禽场水质的需求，对畜禽的健康和生产具有十分重要的意义。要求水质优良、水源可靠充足，能够满足生产、生活、废弃物处理等用水；根据取用方便、节水经济的原则，可选择地表水、地下水、自来水或搭配选择（图 2 -6)。水质需达到《无公害食品—畜禽饮用水水质》（NY 5027—2008）的要求。

图 2 -6　水源水质保障

五、道路交通要求

一般而言，肉鸡场大多是大型集约化生产，物资要求和产品供销量极大，对外联系密切，因此交通要便利，鸡场外应通公路，但是，不应与主要交通路线交叉。为了确保防疫卫生要求，避免噪声对肉鸡的影响，与主要干道的距离一般在300米以上。按照畜牧场建设标准，要求与国道、省际公路距离500米，与省道、区际公路距离300米，与一般道路100米。有围墙的畜牧场，距离可缩短50米。场内道路要硬化，拐弯处要设置足够拐弯半径（图2－7）。

图2－7　肉鸡场内外的道路设计

六、电力、通讯要求

肉鸡场的生产、生活都要求有可靠的供电条件，因此必须了解电源的位置，与养殖场的距离，最大供电量，是否经常停电，有无双路供电等。通常要求建设标准化肉鸡场有二级供电电源，否则必须配备发电机，确保可靠的24小时电力供应。

通讯方面要求通讯方便，信息网络健全，提倡安装监控等智能化设施（图2－8）。

图 2-8　电力供应

七、气候环境要求

主要了解与建筑设计有关和影响养殖场小气候的气候气象资料，如气温、风力、风向及灾害天气情况。具体指拟建地区常年气象变化包括平均气温、最高与最低气温、降水量与积雪深度、最大风力、常年主导风向、风频率、日照时长等气候环境（图 2-9），一方面在鸡舍建筑时使用，另一方

图 2-9　选择适宜的气候环境

面据此确定鸡舍设计与环境控制的技术参数，为肉鸡生产提供适宜的环境条件。

八、绿化要求

绿化包括防风林、隔离林、行道绿化、绿地等。场界林带的设置属于防风林，在场界周边种植乔木和灌木混合林带，特别是在场界的北、西两侧，应加宽这种混合林带（宽10米以上）以起到防风阻沙的作用。隔离林带用于分隔场内各区及防火，应选择合适的乔木，并采取一定措施阻止飞鸟的栖息。场内外道路两旁的绿化属于行道绿化，一般1~2行，起到路面遮阳和排水沟护坡的作用。在靠近建筑物的采光地段，不提倡种植高大树木，多数采取灌木等进行绿化，但不能产生花粉花絮等；选址时与周围种植业结合可以增强隔离效果，增加绿化面积和综合经济效益。绿地绿化是指鸡场内裸露地面的绿化，可植树、种花、种草，也可种植有饲用价值或经济价值的植物，如果树、苜蓿、草坪、草皮等，将绿化与养鸡场的经济效益结合起来（表2-2）。

表2-2　植树与建筑、构筑水平间距

名称	最小间距（米）	
	至乔木中心	至灌木中心
有窗建筑物外墙	3.0	1.5
无窗建筑物外墙	2.0	1.5
道路侧面外缘，挡土墙脚、陡坡	1.0	0.5

（续表）

名称	最小间距（米）	
	至乔木中心	至灌木中心
人行道	0.75	0.5
2 米以下的围墙	1.0	0.75
排水明沟边缘	1.0	0.5

第二节　鸡场与鸡舍布局

一、总体布局

鸡场总体布局的基本要求是：有利于防疫；生产区与管理区、生活区要分开；鸡舍要有适宜的距离；料道与粪道要分开，且互不交叉；为便于生产，各个有关生产环节要尽可能地邻近；整个鸡场各建筑物要排列整齐，尽可能紧凑；可减少道路、管道、线路等的距离，以提高工效；减少投资和占地。卫生学上不安全的建筑物，应位于地势低及下风处；防火方面不安全的建筑物、堆积物等应避开上风向。

大型养鸡场应有 5 个主要分区，即生活区（宿舍、食堂等）、管理区（办公室、接待室、更衣消毒室等）、生产区（包括生产用房和辅助用房）、隔离区（包括兽医室、废弃物处理等区域）、粪便污水处理区。有条件的，可建鸡粪加工区。

生活区位于上风向和地势较高的地方。

管理区应靠近交通主干线和居民点，同时位于居民点的

下风向和较低地势。

生产区位于管理区的下风向、低地势，并与管理区之间保持200~300米的距离，与隔离区保持300米的距离。

隔离区设置在下风向、低地势，并且与畜舍之间有300米的距离（图2-10，图2-11，图2-12）。

粪便污水处理区设置在下风向、低地势。

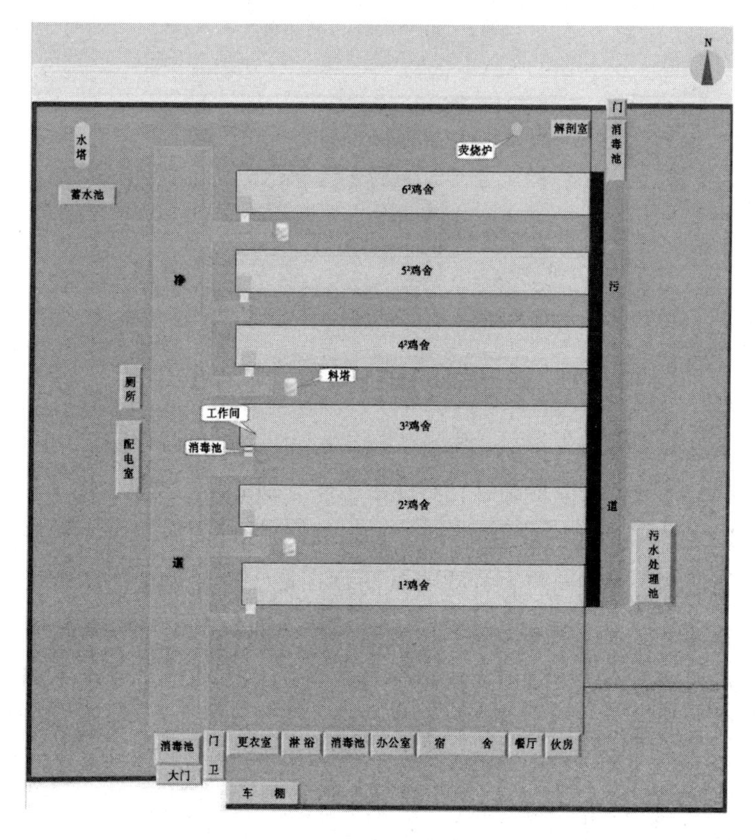

图2-10　标准化肉鸡场分区布局示意图

图 2－11 鸡场布局实景

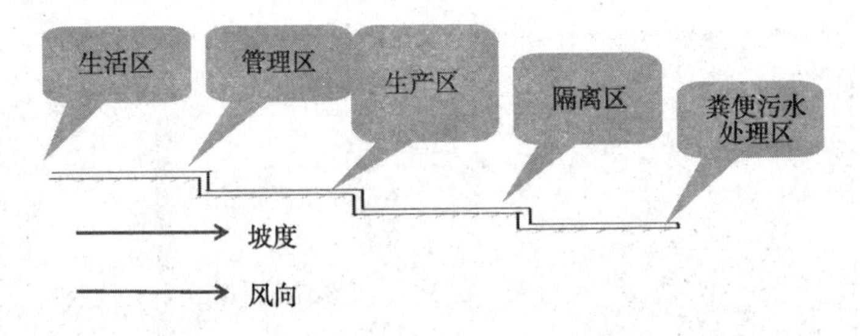

图 2－12 畜牧场各功能区依地势、风向配置示意图

管理区与生产区之间要设大门、消毒池和消毒室。鸡场的分区规划要因地制宜，不能生搬硬套别的鸡场图纸，图 2－13 给出了肉鸡场理想的分区规划。最为合理的方案应按地势高低和主导风向将各种房舍从防疫环境需要的先后次序给予合理的安排。但是，如果地势与风向不是同一方向，而按防疫要求又不好处理时，则以主导风向为主，与地势要求不相符合的地方挖沟或设障碍加以弥补。

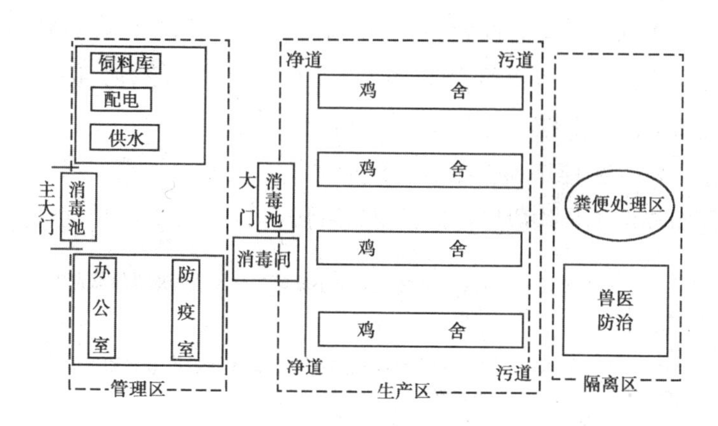

图 2－13　肉鸡场的合理分区

二、肉鸡场内鸡舍的布局

鸡场内的建筑物布局依据气候、地形、地势、建筑物的种类和数量，做到合理、整齐、紧凑、美观，排列合理性影响到了场区的小气候、如光照、通风，也影响了道路的铺设、管线的安装依据土地的利用率。一般来说要求建筑物东西成排、南北成列、占地基本呈方形，因为过于狭长会使饲料粪污运输距离加大、道路加长、管理不便、投资成本加大。

鸡舍的排列要根据场地形状、鸡舍的数量和每幢鸡舍的长度，布置为单列、双列或多列式，鸡舍群按标准的行列式排列与地形地势、气候条件、鸡舍朝向选择等发生矛盾时，也可将鸡舍左右错开、上下错开排列，但要注意平行的原则，避免各鸡舍相互交错。当鸡舍长轴必须与夏季主风向垂直时，上风行鸡舍与下风行鸡舍应左右错开呈“品”字形排列，这

就等于加大了鸡舍间距，有利于鸡舍的通风；若鸡舍长轴与夏季主风方向所成角度较小时，左右列应前后错开，即顺气流方向逐列后错一定距离，也有利于通风。

不管哪种排列，净道与污道要严格分开，不能交叉；不同布局的鸡舍均应以污道最少为原则。

畜舍的布局形式：

- 单列式：呈单列布置，适合小规模的鸡场或场地狭窄限制时的布局
- 双列式：适合较大规模的鸡场，能有效的缩短道路和工程管线长度
- 多列式：适合大规模养鸡场

在不受其他因素限制的条件下，通常四栋畜舍以内，可排成一行排列（图 2－14），四栋以上畜舍可呈二行排列（图 2－15）。

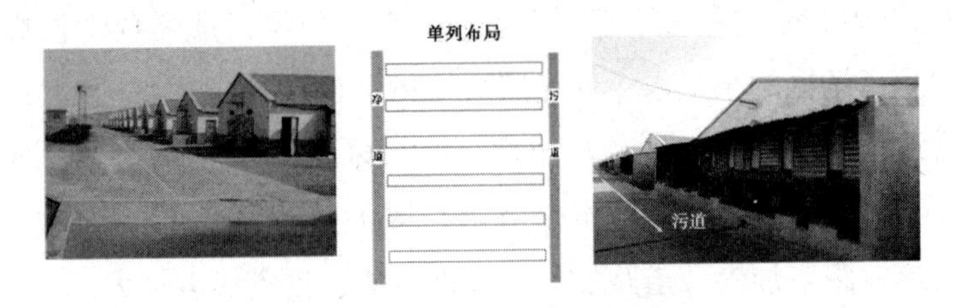

图 2－14　鸡舍单列布局排列

三、场区出入口设计

管理区包括办公设施及与外界接触密切的生产辅助设施等，应设主大门，一般主大门的宽度应能满足车辆的进出。

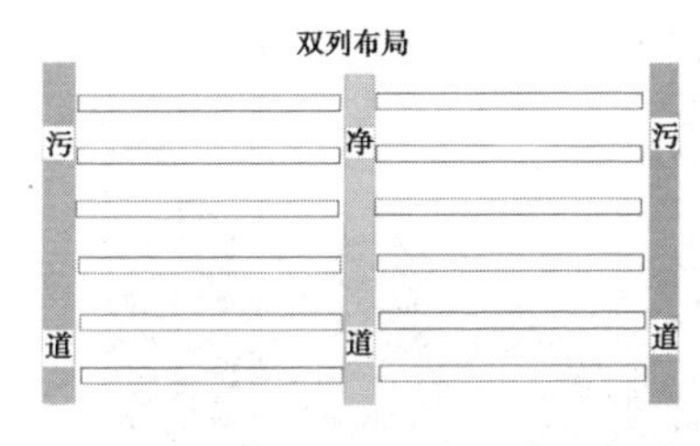

图 2－15　双列布局排列

为了进出车辆的消毒，在场区入口处设置与门同宽、长 4 米深 0.3 米以上的消毒池，上方有防雨棚遮盖；两侧需配备车辆喷雾消毒等设施。管理区与外界联系频繁，容易传播疾病，因此外来车辆与场内运输应完全分开，外来车辆应该禁止进入生产区，外来人员也不应随意进入生产区。管理区与生产区间要另设大门、消毒池和消毒室。鸡场内要有专门的净道入口（图 2－16）、污道出口（图 2－17），以防病原微生物污染净道。

图 2－16　净道入口

图 2－17　污道出口

四、更衣消毒室

为了便于进出人员消毒隔离，防止病原微生物的交叉感染，一般在生产区的入口设立更衣消毒区，包括紫外消毒室、脚踏消毒池、更衣间、淋浴间等。舍前也应有消毒池和洗手消毒盆等（图 2－18，图 2－19，图 2－20）。

五、鸡舍的朝向

鸡舍的朝向要由地理位置、气候环境等来确定，应满足鸡舍日照、温度和通风的要求。例如北京市夏季太阳辐射以西墙最大，冬季以南墙最大，北京地区鸡舍的朝向选择以南向为主，可向东或西偏 45°，以南向偏东 45°的朝向最佳。这

图 2－18　更衣间

图 2－19　淋浴间

图 2－20　洗手消毒

种朝向冬季需要人工光照进行补充，夏季需要注意遮光，如加长出檐、窗面涂暗等减少光照强度。如同时考虑地形、主风以及其他条件，可以作一些朝向上的调整，向东或向西偏转 15°。对于南方地区从防暑考虑，以向东偏转为好；而北方地区朝向偏转的自由度可稍大些（图 2－21）。

六、鸡舍的间距

鸡舍间距的确定主要从日照、通风、防疫、防火和节约用地等方面考虑（图 2－22），根据具体的地理位置、气候、

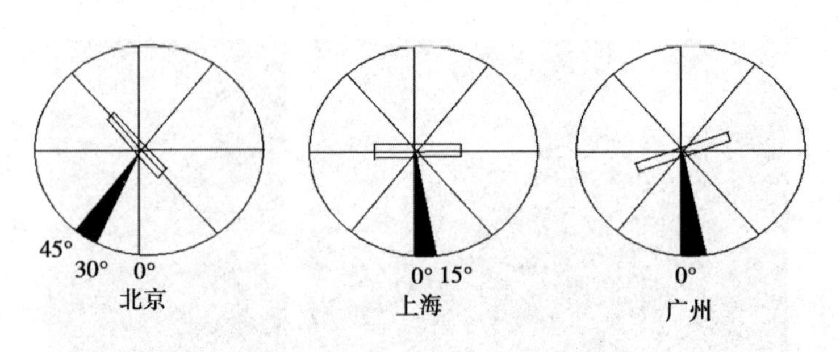

图 2－21　三个代表城市的适宜朝向

地形地势等因素作出。

防疫要求：一般防疫要求的间距应是檐高的 3～5 倍，开放式鸡舍应为 5 倍，封闭式鸡舍一般为 3 倍。

日照要求：鸡舍南向或南偏东、偏西一定角度时，应使南排鸡舍在冬季不遮挡北排鸡舍的日照，具体计算时一般以保证在冬至日上午 9 时至下午 15 时这 6 个小时内，北排鸡舍南墙有满日照，即要求南、北两排鸡舍间距不小于南排鸡舍的阴影长度。经测算，在北京地区，鸡舍间距应为鸡舍高 2.5 倍，黑龙江的齐齐哈尔则需 3.7 倍，江苏地区约需 1.5～2 倍。

通风要求：鸡舍采用自然通风，且鸡舍纵墙垂直于夏季主风向，间距应为鸡舍高度的 4～5 倍；如风向与鸡舍纵墙有一定的夹角（30°～45°），涡风区缩小，间距可短些。一般鸡舍间距取舍高的 3～5 倍时，可满足下风向鸡舍的通风需要。鸡舍采用横向机械通风时，其间距因防疫需要也不应低于舍高 3 倍；采用纵向机械通风时间距可以适当缩小，1～1.5 倍即可。

消防要求：防火间距取决于建筑物的材料、结构和使用特点，可参照我国建筑防火规范。鸡舍建筑一般为砖墙、混凝土屋顶或木质屋顶并做吊顶，耐火等级为二级或三级，防火间距为8～10米。

总之，鸡舍间距不小于鸡舍高度的3～5倍时，可以基本满足日照、通风、卫生防疫、防火等要求。一般密闭式鸡舍间距为10～15米；开放式鸡舍间距约为鸡舍高度的5倍。在以上要求基础上考虑占地面积最小（图2－23）。日照、通风等因素对密闭式鸡舍的影响减弱，可适当减小鸡舍间距。

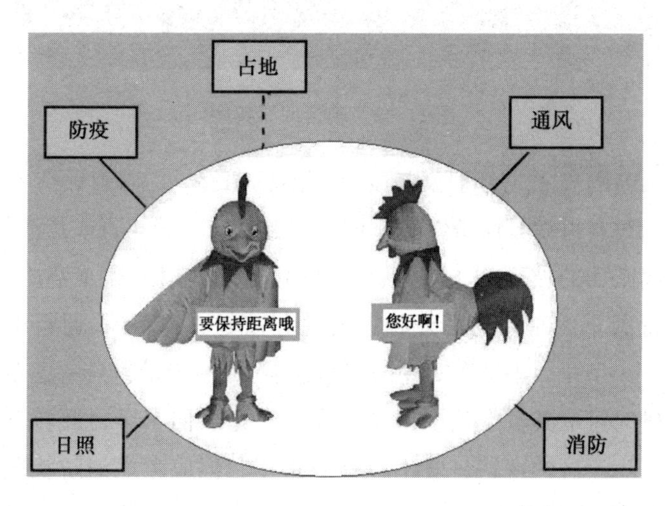

图2－22　设计鸡舍间距考虑的5个因素

七、其他

生产区的道路应净道和污道分开，以利卫生防疫。净道用于生产联系和运送饲料、产品，污道用于运送粪便污物、病畜和死鸡。场外的道路不能与生产区的道路直接相通。场

图 2-23　鸡舍间距实例

前区与隔离区应分别设与场外相通的道路。场内道路应不透水，材料可视具体条件选择柏油、混凝土、砖、石或焦渣等，路面断面的坡度为1°~3°。道路宽度根据用途和车宽决定，通行载重汽车并与场外相连的道路需3.5~7米，通行电瓶车、小型车、手推车等场内用车辆需1.5~5米，只考虑单向行驶时可取其较小值，但需考虑回车道、回车半径及转弯半径。生产区的道路一般不行驶载重车，但应考虑消防状况下对路宽、回车和转弯半径的需要。道路两侧应留绿化和排水明沟位置。

肉鸡场的排水设施是为排出场区雨、雪水，保持场地干燥、卫生。一般可在道路一侧或两侧设明沟，沟壁、沟底可砌砖、石，也可将土夯实做成梯形或三角形断面，再结合绿化护坡，以防塌陷。如果鸡场场地本身坡度较大，也可以采取地面自由排水，但不宜与舍内排水系统的管沟通用。隔离区要有单独的下水道将污水排至场外的污水处理设施。

第三节　鸡舍的设计与建筑

一、鸡舍的类型

根据我国的气候特点，以一月份平均气温为主要依据，保证冬季各地区鸡舍内的温度不低于10℃，畜牧工程专家建议将我国的鸡舍建筑分为5个气候区域。Ⅰ区为严寒区，1月份平均气温在-15℃以下，Ⅱ区是寒冷区，1月份平均气温在-15～-5℃，此两区采用封闭式鸡舍。Ⅲ区为冬冷夏凉区，1月份平均气温在-5～0℃，Ⅳ区为冬冷夏热区，1月份平均气温在0～5℃，此两区采用有窗可封闭式鸡舍。Ⅴ区为炎热区，1月份平均气温在5℃以上，采用开放式鸡舍。

（一）密闭式鸡舍

采用人工控制温度、湿度和空气质量，舍内小环境相对稳定，鸡群受外界环境因素的干扰较少，生产性能发挥稳定。这种鸡舍一次性投资大，对煤电等能源的依赖性较大，管理水平要求高。适宜于标准化规模肉鸡场（图2-24，图2-25）。

（二）开放式鸡舍

开放式鸡舍最常见的形式是南面留大窗户，北面留小窗户。开放式鸡舍全部靠自然通风，除育雏期外，舍内温、湿度基本上随季节的变化而变化，适宜南方平均气温较高的地区。这类鸡舍需配备光照设备，以补充自然条件下的光照不足（图2-26）。

图 2-24　密闭式鸡舍外观

图 2-25　密闭式鸡舍内部

图 2-26　开放式鸡舍内外

(三) 半开放式鸡舍

介于密闭式和开放式鸡舍之间，除了配备光照设备，补充光照不足外，还增加了机械通风和降温系统等环境控制设备，气候温和的季节依靠自然通风，冬季关严卷帘或门窗，尽量避免缝隙冷风渗透以利保温。夏季门窗、卷帘全部打开，地窗打开，这样在上部可形成较宽的通风带，下部地窗可形成“扫地风”，加速了舍内空气的流动，降低鸡的体感温度。必要时开启一侧山墙的进风口，并开动另一侧山墙上的风机进行纵向通风。兼备了开放与封闭鸡舍的双重功能，但该种鸡舍对窗户的密闭性能要求较高，以防机械通风时形成通风短路现象。我国中部甚至华北的一些地区可采用此类鸡舍（图2－27）。

图2－27　半开放式鸡舍内外

（四）连栋鸡舍

连栋鸡舍为多个独栋鸡舍彼此相连组成，每个独栋鸡舍设计同封闭式鸡舍。相邻鸡舍间共用侧墙，减少鸡舍散热，节约能源。同时可节约建筑成本与土地资源，但对通风系统、光照系统、防疫条件等各方面要求高，还必须确保电力供应。这种鸡舍必须采取全进全出制，雏鸡供应、屠宰加工等配套设施必须匹配（图2－28）。

二、建筑基本要求

鸡舍的长、宽、高设计要因地制宜，结合周围环境气候、

图 2－28　连栋鸡舍实例

饲养方式、设备安装等因素综合考虑。现代标准化鸡舍机械化集约化程度高，宽度一般 12 ~ 14 米、长度 120 ~ 140 米、檐高 1.8 米以上。目前有标准化规模肉鸡舍宽度增加到 30 米以上，提高了土地利用率，取得良好效果（图 2－29）。

（一）建筑材料的选择

对建筑材料总的要求是：导热系数小，容重小，具有较好的防火和抗冻性，吸水吸温性强，透水性小，耐水性强，

图 2-29　鸡舍建筑实例

具有一定的强度、硬度、韧性和耐磨性。鸡舍常用的建筑材料是砖瓦结构，外加混凝土或者水泥，还有水泥空心砖、挤塑板等材料。砖瓦结构鸡舍建设面积造价为 450～550 元/平方米。国家连续出台政策，限制黏土砖的生产使用，以保护耕地。所以砖瓦结构的鸡舍逐渐被淘汰。目前有一种新型玻璃钢保温鸡舍。这种鸡舍具有如下优点。

1. 造价低

新型无机玻璃钢保温鸡舍建设面积每平方米造价不足 300 元。

2. 施工方便

新型无机玻璃钢保温鸡舍采用工厂预制、现场施工的方式，与传统砖瓦结构鸡舍相比，保温鸡舍建设大大缩短了建设工期。

3. 性能优

新型无机玻璃钢保温鸡舍面层由有机纤维布和无机复合材料精制而成，复合高分子胶凝材料作为基料，其耐腐蚀，耐酸碱，耐老化、抗震、耐压性能远远优于传统材料，同时此产品具相当好的弹性和抗拉伸性，不会被冻土挤裂，适宜

北方寒冷地区使用。

4. 保温隔热效果好

新型无机玻璃钢保温鸡舍采用新型保温隔热材料，具有突出的隔热效果与优异的保温性能。实验数据表明，1 厘米 16 千克的泡沫板导热系数与 10 厘米砖墙相当。同时泡沫板的多孔结构具有突出的吸声性能，有效降低外界噪声的干扰，为家禽营造更好的生活环境。

5. 便于消毒

新型无机玻璃钢保温鸡舍板表面光滑如镜，使细菌病毒无处藏身，便于消毒，有利于鸡舍防疫和鸡群的疾病防控。

6. 防火性能好

无机玻璃钢胶凝材料是无机胶凝材料当中防火性能最优越的一种，耐 1 000℃以上高温。

7. 寿命长

经改性的无机玻璃钢保温鸡舍理化性能稳定，轻质高强，使用年限可在 30 年以上。

（二）主要建筑结构要求

基础：是地下部分，基础下面的承受荷载的那部分土层就是地基。地基和基础共同保证鸡舍的坚固、防潮、抗震、抗冻和安全。

墙：对舍内温湿状况的保持起重要作用，要求有一定的厚度、高度，还应具备坚固、耐久、抗震、耐水、防火、抗冻、结构简单、便于清扫和消毒的基本特点。一般为 24 或 36 厘米厚。

屋顶：形式主要有单坡式、双坡式、平顶式、钟楼式、半钟楼式、拱顶式等（图 2－30）。单坡式一般用于宽度 4～6 米的鸡舍，双坡式一般用于宽度 8～9 米的鸡舍，钟楼式一般用于自然通风较好的鸡舍。屋顶除要求不透水、不透风、有一定的承重能力外，对保温隔热要求更高。天棚必须具备：保温、隔热、不透水、不透气、坚固、耐久、防潮、光滑，结构严密、轻便、简单且造价便宜。在南方干热地区，屋顶可适当高些以利于通风，北方寒冷地区可适当矮些以利于保温。

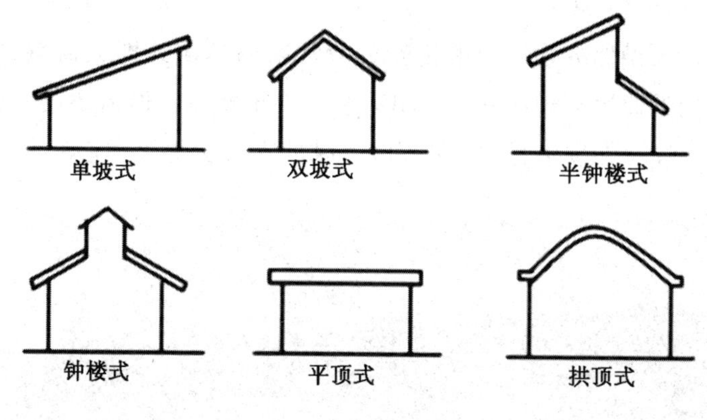

图 2－30　鸡舍屋顶形式

门：门的位置、数量、大小应根据鸡群的特点、饲养方式、饲养设备的使用等因素而定。鸡舍的门宽应考虑所有设施和工作车辆都能顺利进出。一般单扇门高 2 米，宽 1 米；双扇门高 2 米、宽 1.6 米（2 米 ×0.8 米）。为了便于小推车进出方便，门前可不留门坎。有条件的可安装弹簧推拉门，最好能自动保持在关闭的位置。

窗：一般窗的总面积为地面面积的 15% 左右，南窗面积

比北窗大，北窗为南窗面积的 2/3 左右。寒冷地区的鸡舍在基本满足采光和夏季通风要求的前提下窗户的数量尽量少，窗户也尽量小。在南北墙的下部一般应留有通风窗（地窗），尺寸 30 厘米 ×30 厘米即可，并在内侧蒙上铁丝网和设有外开的小门，以防禽兽入侵和便于冬季关闭。鸡舍屋顶设天窗，间距与大小根据整体建筑结构调整，可以每隔 6 米一个，天窗为 60 厘米直径的圆形；也可以每隔 3 米一个，则天窗设为 30 厘米直径的圆形。天窗的设计要便于开关，上边需安装顶帽（图 2－31）。

大型标准化、规模化养鸡舍常采用封闭式即无窗鸡舍，舍内的通风换气和采光照明完全由人工控制，但需要设一些应急窗，在发生意外，如停电、风机故障或失火时应急。

图 2－31　肉鸡舍窗的位置

地面：要求光、平、滑、燥；有一定的坡度；设排水沟；便于清扫消毒、防水和耐久。

过道：宽度小的平养鸡舍，通常将通道设在北侧，宽约 1.2 米；宽度大于 9 米的鸡舍通道一般在中央，宽约 1.5 米。

三、舍内空间建筑设计

鸡舍的长、宽、高设计要因地制宜，结合周围环境气候、饲养方式、设备安装等因素综合考虑。机械化集约化程度高的现代标准化鸡舍，宽度一般要求 12 ~ 14 米；长度 120 ~ 140 米；檐高至少 1.8 米以上。还有的标准化规模肉鸡舍宽度增加到 30 米以上，减少了占地面积，提高了土地利用率，取得良好效果。

宽度确定原则　宽度根据鸡舍屋顶形式、鸡舍类型和饲养方式调整，一般开放式鸡舍 6 ~ 10 米，密闭式鸡舍 12 ~ 15 米。宽度设定要符合下列要求：横向通风时，从进风窗进入鸡舍的冷空气（风速不小于 3 米/秒）能够射到鸡舍上部中央区域（图 2 – 32）。

图 2 – 32　天窗上安装无动力风机

长度确定原则　纵向通风时，沿鸡舍纵向两侧的温差不应该超过 3℃，由此确定鸡舍不宜超过 120 米。宽度 6 ~ 10 米的鸡舍，长度一般在 30 ~ 60 米；宽度较大的鸡舍如 12 米，长度一般在 70 ~ 80 米。机械化程度较高的鸡舍可长一些，但不能超过 120 米，否则机械设备的制作与安装难度较大，材

料不易解决。

高度确定原则　应从投资、保温效果、纵向通风、设备安装、是否利于人员操作、习惯等角度综合考虑。当高度过高时，投资增加、鸡舍表面积大，不利于纵向通风；当高度过低时，安装设备后，不利于人员操作。宽度不大、平养及不太热的地区，鸡舍不必太高，一般从地面到屋檐口的高度2.5米左右即可（图2－33）。

图2－33　防鸟网与硬化地面

面积确定原则　鸡舍面积由鸡舍宽度、长度决定，其面积的大小直接影响鸡的饲养密度。快大型肉鸡与优质肉鸡的合理饲养密度参照《商品肉鸡的健康养殖技术》一章，大型商品鸡场占地面积及建筑面积控制见表2－3。

表2－3　商品肉鸡占地面积及建筑面积控制指标

饲养规模（万只）	占地面积（平方米）	总建筑面积（平方米）
100	63 300～109 000	15 620～28 500
50	33 570～57 660	8 580～15 150
10	10 830～13 760	2 600～3 690

第四节　饲养设备

一、饮水系统

（一）水源要求

标准化规模肉鸡场鸡存栏量多，要求水源稳定并且必须具备应急条件下的饮水供应能力。因此，可以根据情况配备储水设备或者利用水质合格的地下水。

（二）水质净化设备

水质不达标的地区，需安装水质净化设备，确保饮水安全。为防止乳头堵塞，在鸡舍供水管线上安装杂质过滤装置（图2－34），除去水中悬浮杂质。

图2－34　杂质过滤装置

(三)饮水设备

主要应用的有吊塔式饮水器或者乳头饮水器(图2-35)。吊塔式饮水器又称自流式饮水器,适用于2周龄前雏鸡使用。这种饮水器多由尖顶圆桶和直径比圆桶略大一些的底盘构成。圆桶顶部和侧壁不漏气,基部离底盘高2.5厘米处开有一两个小圆孔。利用真空原理使盘内保持一定的水位直至桶内水用完为止。这种饮水器构造简单、使用方便,清洗消毒容易。它可用镀锌铁皮、塑料等材料制成,也可用大口玻璃瓶制作。有1.5千克和3.0千克两种容量。它的优点是不妨碍鸡的活动,工作可靠,不需人工加水,主要用于平养鸡舍。乳头饮水器由于具备饮水清洁、节水等优点,已被大多数标准化肉鸡场采用。但在使用时注意水源洁净、水压稳定、高度适宜。另外,还要防止长流水或者不滴水现象的发生。

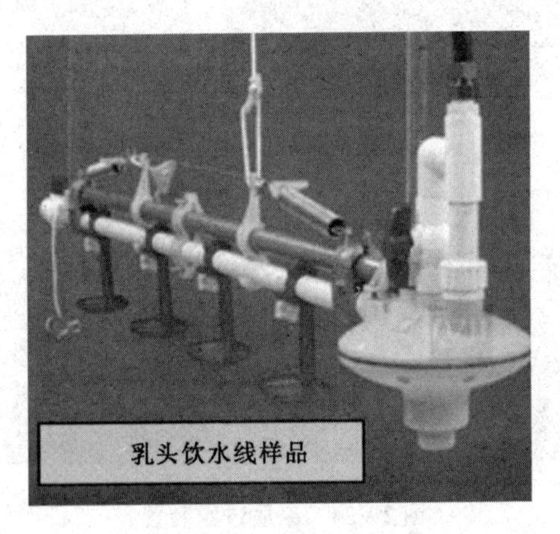

图2-35 乳头饮水器

二、喂料设备

（一）人工喂料设备

1. 料桶（图 2－36）

圆形饲料桶可用塑料和镀锌铁皮制成，用于垫料平养和网上平养。这种料桶中部带有圆锥形底，外周套以圆形料盘。料盘直径为 30～40 厘米，料桶与圆锥形底之间留有 2～3 厘米间隙，从而使桶里的饲料自动流人料盘。下方设计隔网防止鸡只踩入，保持饲料卫生。一定要注意料盘的高度，太高则鸡只采食困难，太低时又容易造成饲料浪费，一般肉鸡料桶高度以 4～6 厘米为宜。

图 2－36　料盘人工喂料

2. 长料槽（图 2－37）

适用于笼养肉鸡舍，要求表面平整光滑，便于鸡采食，

饲料不浪费，鸡不能进入，且便于清洗消毒。一般采用硬质塑料制作，可以根据肉鸡不同生长期设计料槽的倾斜角度、高矮、宽度，所有食槽靠近鸡的一端应有卷曲弧度，剖面成“凹”形，防止鸡啄食时将饲料带出。规模化肉鸡场经常结合行车式喂料设备使用。

3. 料车与喂料撮子（图 2－37）

料车里边装料，人工推动行走喂料；喂料撮子可以做成各种形状，但要求结实耐用，上方应有把手便于操作。黄羽肉鸡网上笼养多采用这种给料方法。

图 2－37　长料槽人工喂料

（二）自动喂料设备

1. 贮料塔

塔体一般由高质量的镀锌钢板制成，其上部为圆柱形，下部为圆锥形；可根据用户要求配置气动方式填料或绞龙加料装置；设计在鸡舍一端或侧面，配合笼养、平养自动喂料系统（图 2－38）。节省人工和饲料包装费用，减少饲料污染环节。

图 2－38　贮料塔的应用

2. 绞龙式喂料机

该输料系统运行平稳，能迅速将饲料送至每个料盘中并保证充足的饲料；自动电控箱配备感应器，大大提高了输料准确性；料盘底部容易开合，清洗方便（图 2－39）。

图 2－39　绞龙式喂料机

3. 行车式喂料机

行车式喂料机根据料箱的配置不同可分为顶料箱式和跨笼料箱式；根据动力配置不同可分为牵引式和自走式。顶料箱行车式喂料机设有料桶，当驱动部件工作时，将饲料推送

出料箱，沿滑管均匀流放食槽。跨笼料箱行车式喂料机根据鸡笼形式有不同的配置，当驱动部件运转带动跨笼箱沿鸡笼移动时，饲料便沿锥面下滑落放食槽中。

图 2－40　行车式喂料

三、笼具设备

见第六章主推技术模式。

第五节　环境控制设施

一、通风控制

通风直接关系到温度、湿度、有害气体浓度、微生物、粉尘及饲养环境中的二氧化碳、氨气含量等环境因素（图2－41），通风是控制鸡舍内环境的最重要措施。

自然通风与机械通风　通风方式有自然通风和机械通风两种，进风口和出风口设计要合理，防止出现死角和贼风等恶劣的小气候。自然通风依靠自然风（风压作用）和舍内外温差（热压作用）形成的空气自然流动，使鸡舍内外空气得

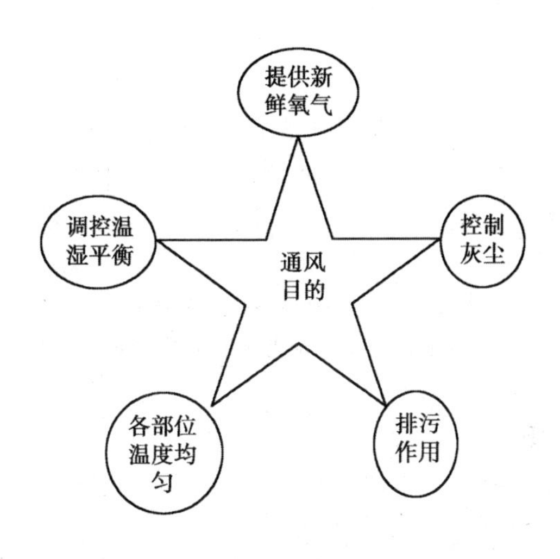

图 2 -41　通风的五个目的

以交换（图 2 -42）。依靠自然通风的鸡舍宽度不可太大，以 6 ~7.5 米为宜，最大不应超过 9 米。机械通风即依靠机械动力强制进行鸡舍内外空气的交换，主要分为正压通风与负压通风。

正压通风与负压通风　形成方式见图 4 -43。风机向舍内吹风的，称为正压通风；风机向外排风的，称为负压通风。正压通风是通过风机把外界新鲜空气强制送入鸡舍内，使舍内压力高于外界气压，这样将舍内的污浊的空气排出舍外。负压通风是利用通风机将鸡舍内的污浊空气强行排出舍外，使鸡舍内的压力略低于大气压成负压环境，舍外空气则自行通过进风口流入鸡舍。这种通风方式投资少，管理比较简单，进入舍内的风流速度较慢，鸡体感觉比较舒适。

横向通风与纵向通风　非封闭式鸡舍采用自然通风时

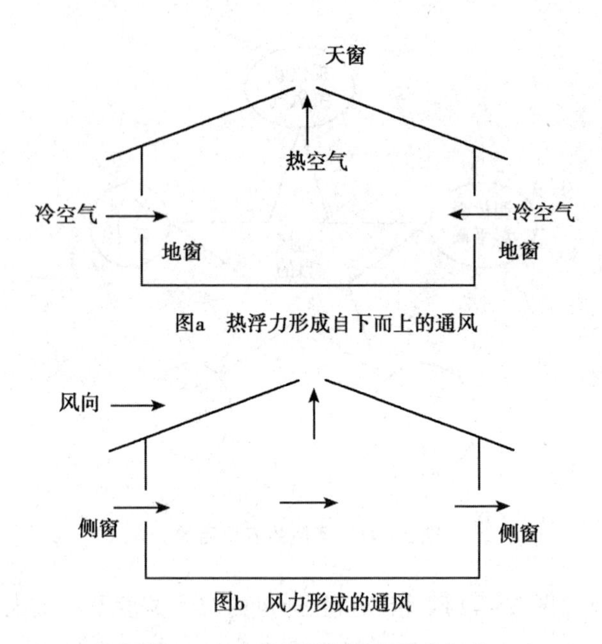

图 2－42 自然通风的不同形成方式

一般选择横向通风；采用机械负压通风时，横向通风与纵向通风相比具有很大的缺点（表 2－4）。纵向通风排风机全部集中在鸡舍污道端的山墙上或山墙附近的两侧墙上，进风口则开在净道端的山墙上或山墙附近的两侧墙上，将其余的门和窗全部关闭，使进入鸡舍的空气均沿鸡舍纵轴流动，由风机将舍内污浊空气排出舍外。纵向通风设计的关键是使鸡舍内产生均匀的高气流速度，并使气流沿鸡舍纵轴流动。

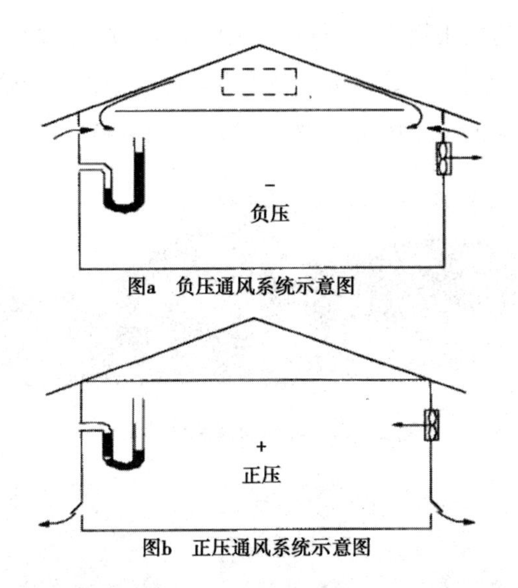

图a　负压通风系统示意图

图b　正压通风系统示意图

图 2－43　正压通风与负压通风

表 2－4　横向通风与纵向通风的特点对比

	横向通风	纵向通风
通风效果	不均匀，死角多	均匀，无死角
影响疾病传播情况	相邻鸡舍对吹对吸，容易导致扩散传染病	风机均设在污道一端的山墙上，进气口都设在另一端的山墙上，减少了鸡舍间交叉污染和疾病传播的机会
应激影响	应激较大	外界气候和环境温度的变化对鸡群的影响较小，风机噪声及外界应激因素对鸡群产生的惊群系数减小
投资与电能	采用机械横向通风，电能消耗多于纵向通风鸡舍近1倍	每栋只需3～4台同功率风机，减少了进气阻力

（一）纵向通风

标准化规模鸡场主要采用纵向负压通风方式，风机一般

安装在污道的山墙上，对应的净道山墙或侧墙端水帘作为进风口。设计通风量必须满足夏季极端高温条件下的通风需要，并安装足够的备用风机（图 2－44，图 2－45）。

图 2－44　纵向通风净区端水帘

图 2－45　纵向通风污区端山墙风机

（二）横向通风

目前，标准化鸡舍大都采用纵向通风，但当鸡舍过长或跨度很大时，为提高通风均匀度，常在侧墙上安装一定数量的风机，在纵向通风的同时，辅助以横向通风（图 2－46）。

通风量的要求　通风量应按鸡舍夏季最大通风值设计，安装风机时最好大小结合，以适应不同季节的需要。排风量相等时，减少横断面空间，可提高舍内风速，因此三角屋架鸡舍，可每三间用挂帘将三角屋架隔开，以减少过流断面。长度过长的鸡舍，要考虑鸡舍内的通风均匀问题，可在鸡舍

图 2－46 辅助横向通风

中间两侧墙上加开进风口。根据舍内的空气污染情况、舍外温度等决定开启风机多少。一般来说，密闭式鸡舍 7～9 立方米/（小时·千克活重），（半）开放式鸡舍至少 15 立方米/（小时·千克活重）。

例 1：某农户在密闭式鸡舍饲养肉鸡 1 万只，平均体重 2 千克，想进行纵向通风并安装合适风机，则计算如下：

总通风量＝鸡舍内鸡的总数×千克/只×9.0 立方米/（小时·千克）＝10 000×2×9.0＝180 000（立方米/小时）；

风机台数＝总通风量÷立方米/小时（风机功率）＝180 000÷56 000＝3.2 台，可以安装风量为 56 000立方米/小时风机 3 台，13 000立方米/小时风机 1 台。

如果该鸡舍宽 12 米，高 2.5 米，则计算如下：

风速＝总通风量÷横截面积＝180 000÷（12×2.5）÷3 600＝1.67（米/秒），能够满足夏天的通风要求（1.0～2.0 米/秒）。

夏季利用水帘风机系统通风　水帘又称水幕、湿帘，由高分子水帘纸加工成为蜂窝状，将其安装在鸡舍的一端或者两侧的窗户位置。一般上边框里面安装进水管，进水口在中

间，水从进水口流入之后经过进水管均匀的向整个纸帘分散，安装前，用水泥将窗口及窗下墙壁抹面，窗外地面附近砌一水池，便于循环进水，另外注意远离有臭味或异味气体的排气口处，如厕所、厨房、化学物体排风口等。在鸡舍的另一端安装风机纵向通风，当通风机启动时，鸡舍水帘一端的空气经过水帘冷却，进入鸡舍内为凉空气，通过此种通风方式降温。当风速超过0.5米/秒以上时，鸡体有效温度随风速的增加而急剧下降；因此，夏季风速以1.0～2.0米/秒为宜，但是舍内湿度达到100%时，降温效果不明显。实际生产中，水帘与风机的安装位置可以因地制宜、灵活掌握（图2－47）。

冬季保温前提下的通风要求　冬季通风主要解决舍内空气质量、空气流动和舍内温度的问题，可以让外界冷空气通过屋顶或侧墙进风口进入后与屋顶热空气混合，然后再流向鸡舍，输送新鲜氧气，排除舍内氨气、二氧化碳等废气。需注意通风的风速不要过大，不宜超过0.3米/秒。鸡舍结构要严密，以免舍内局部出现低温、贼风等。

●（三）通风控制●

为了实现鸡舍环境精准控制，标准化、现代化的肉鸡舍应该安装舍内环境参数自动测定和控制设备。根据测定结果自动调节进风口的开关大小，达到调节舍内环境条件的目的（图2－48）。

对于跨度较大的鸡舍，横向辅助风机已不能满足实际需要，在纵向负压通风的同时，在两侧墙上设计进风口，对应进风口间用塑料管连接，在塑料管上设计进风口，有效地解

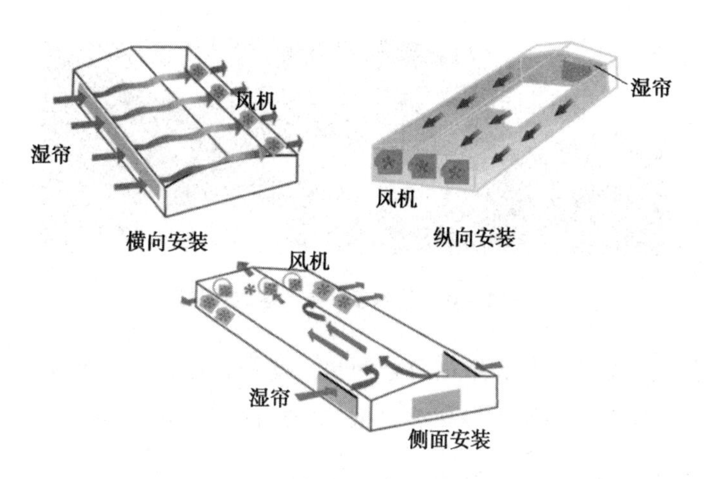

图 2－47　风机水帘的灵活安装

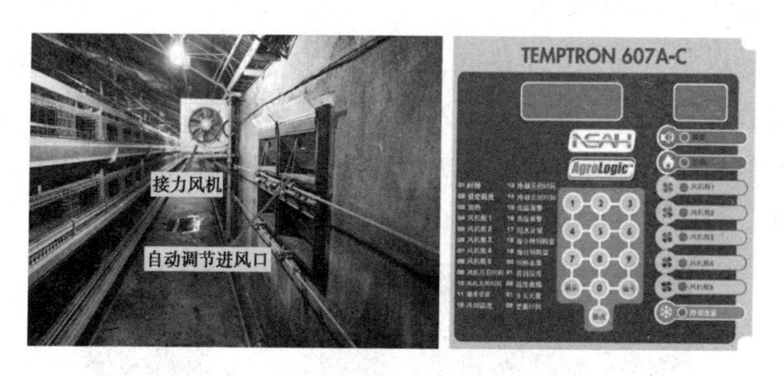

图 2－48　通风口大小自动调节

决了大跨度鸡舍的通风均匀度问题（图 2－49）。

二、控温设施

在鸡群饲养中，温度是养鸡的第一要素，合适的温度不仅能使鸡群得到良好的生长发育，而且节约饲料，最大限度

图 2－49 特殊设计提高通风均匀度

地发挥生产性能，增加效益回报。此外，适宜的温度还能便于鸡舍环境控制，提高鸡只抵抗力。因此，温度对养鸡至关重要。

（一）加温设施

保温（育雏）伞供暖：干净卫生，雏鸡可在伞下进出，寻找适宜的温度区域（图 2－50）；缺点是耗电较多。育雏伞作为热源加温时，根据雏鸡的行为表现，调整保温伞的高度等。目前部分小型肉鸡场仍然采用这种供暖方式。

图 2－50 育雏伞供暖

暖气供暖：有气暖和水暖两种，热效率高，适用于大型标准化养殖场（图2－51）。

图2－51　暖气集中供热

暖风炉供暖：暖风炉（图2－52）在鸡舍操作间一端安装。启动后，空气经热风炉的预热区预热后进入离心风机，再由离心机鼓入炉心高温区，在炉心循环使气温迅速升高，

图2－52　暖风炉供暖主要设备

然后由出风口进入鸡舍，使舍温迅速提高，并保证了舍内空气的新鲜清洁。

（二）降温设施

水帘降温：是最常见的降温方式。将水帘安装在鸡舍净道端山墙上（图2－53），而污道山墙上安装风机纵向通风效果较好。水帘或风机安装在侧墙上容易造成通风不均匀，降温效果受到较大影响。

图2－53 水帘安装实景

喷雾降温：在酷热的夏季，鸡舍温度较高，利用自动喷雾降温设备（图2－54）在鸡舍内喷洒极细微雾滴，大量雾滴在降落过程中因吸热而汽化，从而使鸡舍温度降低，达到高温应急降温的目的。缺点是长时间使用会使舍内湿度加大，在潮湿环境条件下不宜使用。

图 2－54　喷雾降温设备

三、光照设备

（一）主要灯具

灯具推荐使用节能灯（图 2－55），白炽灯已很少使用。使用伞灯时需注意光源清洁，以便增强光照强度。层叠笼养等立体养殖方式需要考虑光照均匀度，需在不同高度安装 2 排甚至 3 排灯具。

图 2－55　灯具应用

● （二）光照控制器●

光照控制器设计有手动与自动状态，供阴天或应急状态自由转换；可以设计多个光照或黑暗时间段（图 2－56）。标准化养殖场多已采用。

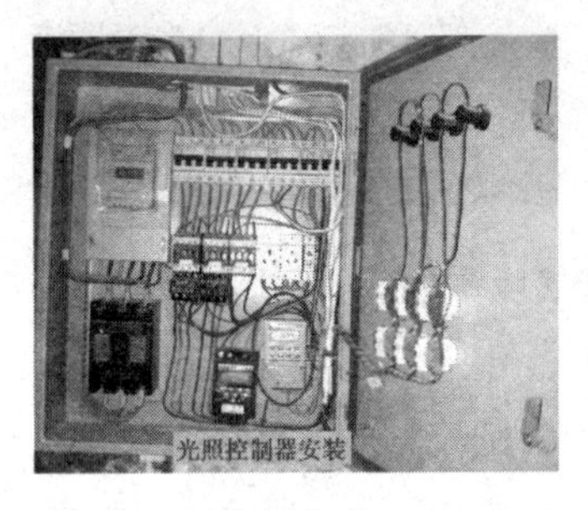

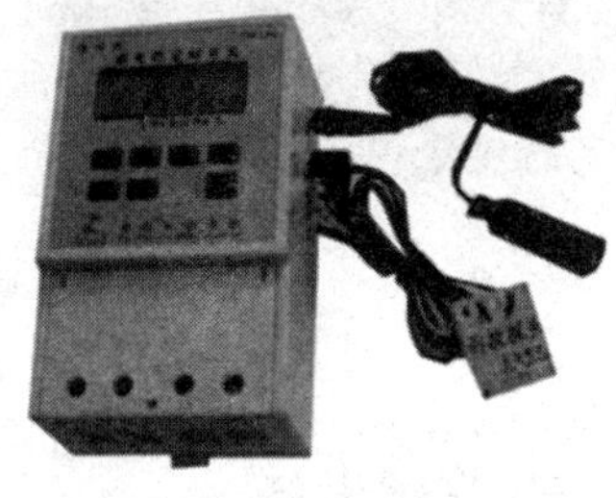

图 2－56　光照控制器

四、鸡舍自动控制系统

采用计算机中央控制模块，实现鸡舍环境和饲喂操作的自动控制。通过数字化控制通风、加热等鸡舍环境控制设备，将舍内的环境温度、湿度、有害气体浓度控制在设定范围内，为肉鸡生长提供适宜环境，具体的温度、湿度、空气质量等要求将在第三章阐明。饲喂操作自动化大大地减轻了劳动强度，提高了劳动效率。

● （一）自动控制系统●

自动控制系统主机安装鸡舍环境控制系统（图 2－57）和饲喂控制系统。用户只需调整到目前肉鸡所处的日龄，就可实现自动化管理。如果某项指标达不到要求时自动报警。

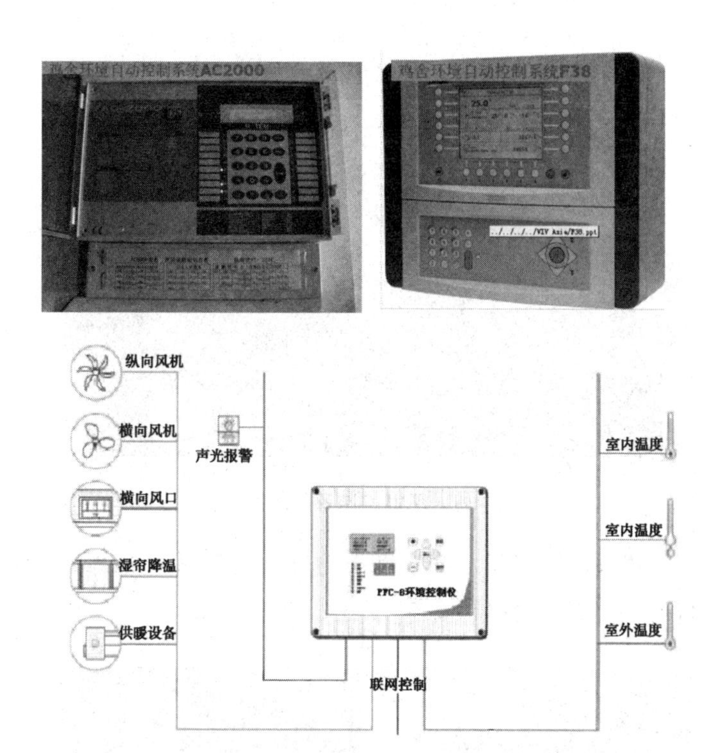

图 2－57　三种不同型号的环境控制仪

（二）主要设备

主要包括环境控制设备和饲养设备。前者包括通风设备（风机、风口），降温设备（水帘、风机）、供暖设备（暖风机等）、加湿器、照明设备等（图 2－58），后者包括喂料设备、自动清粪设备等。

（三）应用实例

吉林德大有限公司夏家店养殖场采用层叠式笼养技术，

图 2－58　环境控制系统配备设备

实现了鸡舍环境控制、饲喂操作的自动化管理。图 2－59 是其自动化控制间的控制设备。

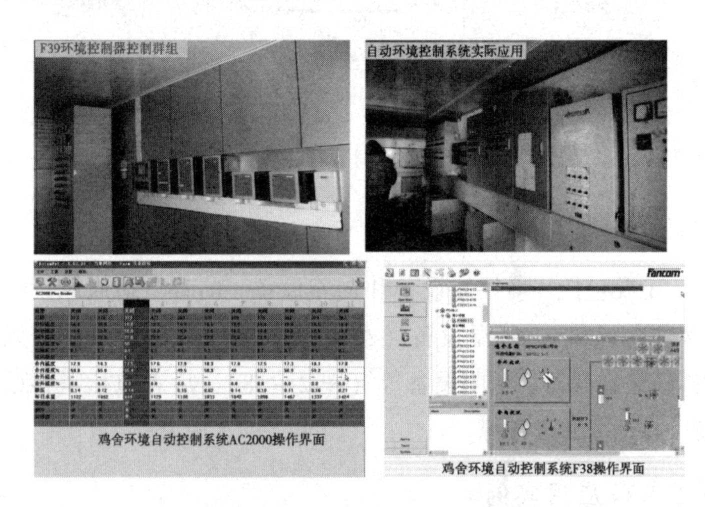

图 2－59　环境控制系统实际应用

第三章　生产规范化

第一节　进雏前的准备

一、鸡舍及物品的清洗

进雏前要将鸡舍彻底打扫干净，对鸡舍用品、用具进行彻底清洗（包括地面、门窗、墙壁四周和天花板等），将可移动工具搬出舍外进行冲刷、晾晒（图3－1，图3－2）。

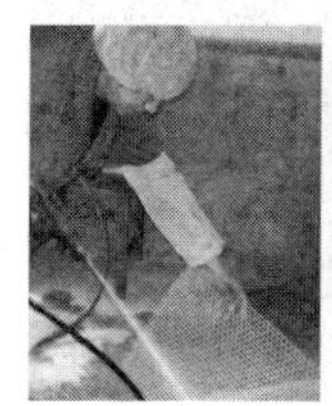

图3－1　鸡舍及鸡舍物品的清洗

图3－2　清洗好的鸡舍

二、消毒

鸡舍刷洗干净后，把所有饲养设备安装到位，进行内外消毒。采用厚垫料平养的，要提前铺好经过处理的垫料。

（一）喷雾消毒

一般安装自动喷雾消毒装置对地面、墙壁、窗户等进行消毒，其他喷雾难以接触到的金属用具用消毒液进行洗刷消毒（图 3－3）。

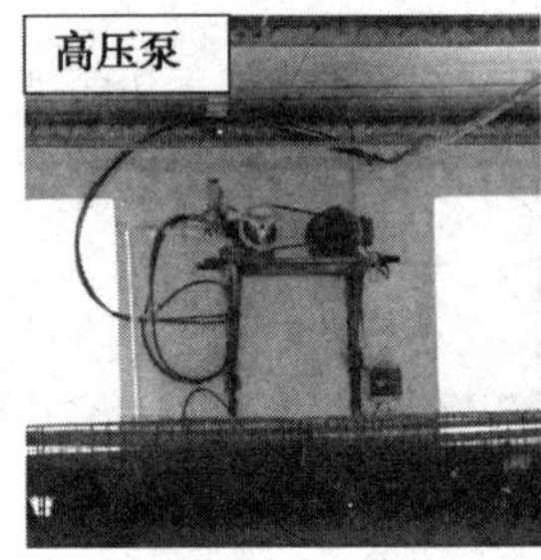

图 3－3 喷雾消毒

（二）甲醛熏蒸消毒

鸡舍密封后，用甲醛熏蒸消毒（图 3－4）。高锰酸钾和甲醛的使用比例为 1：2，即每立方米 14 克高锰酸钾、28 毫升甲醛。熏蒸 24～48 小时后打开鸡舍进行通风换气。为降低成本，也可采用加热的方法使甲醛挥发。消毒效果受温度、湿度影响很大，应升温至 20℃以上，湿度升至 70%以上才能取得良好的消毒效果。

图3－4　甲醛熏蒸消毒

（三）火焰消毒

用火焰喷灯烧烤地面、金属网、墙壁等处，注意不要与可燃或受热易变形的设备接触（图3－5）。

图3－5　火焰消毒

三、饲料、药品等的准备

进雏前根据鸡群数量准备好饲料、常用兽药、疫苗、生产记录表格等（见图3－6，图3－7，图3－8）。疫苗、药物按照说明书规定的要求存放。

图3-6　饲料

图3-7　兽药、疫苗

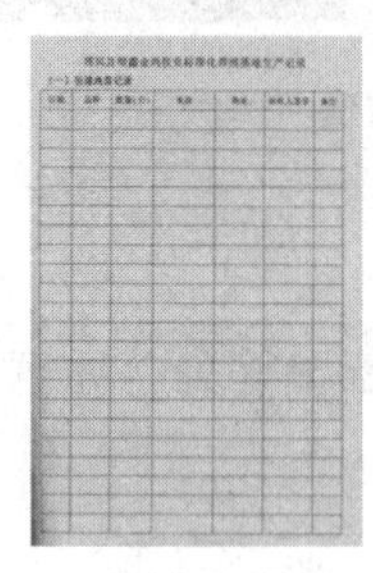

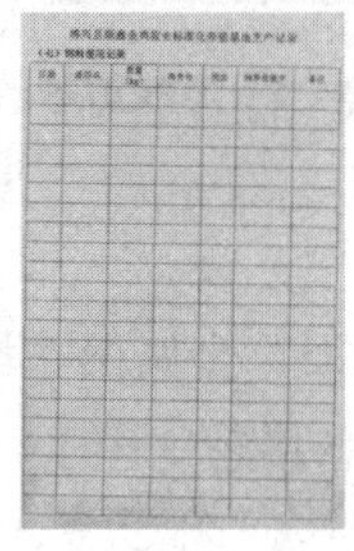

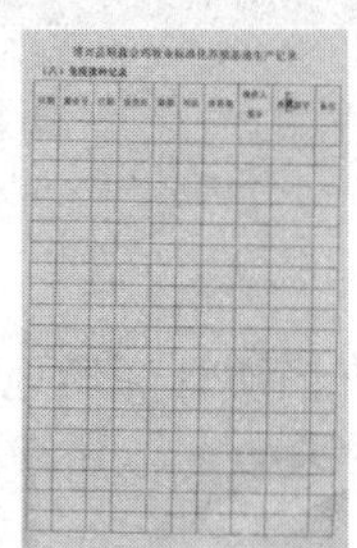

图3-8　部分生产记录表

四、预温

预温时间要看季节和外界温度以及供热设备而定，要在进雏前一天使育雏区的温度达到33～35℃。加温方式参见第二章养殖设施化。

第二节　进雏

一、基本要求

雏鸡要来源明确，向引种场家索要种畜禽生产经营许可证、防疫合格证、引种证明等法律法规规定的证明文件（图3－9，图3－10），并保存3年以上。

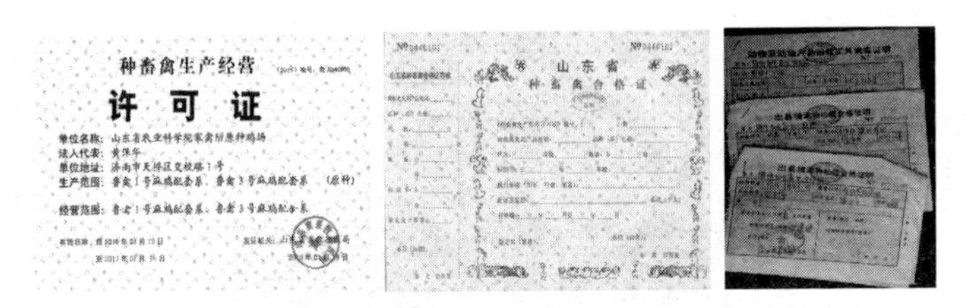
种畜禽生产经营
许 可 证
单位名称：山东省农业科学院家禽所原种鸡场
法人代表：
单位地址：济南市天桥区党校路1号
生产范围：鲁禽1号麻鸡配套系、鲁禽3号麻鸡配套系 （原种）
经营范围：鲁禽1号麻鸡配套系、鲁禽3号麻鸡配套系

山 东 省
种畜禽合格证

图3－9 种畜禽生产经营许可证、引种证明、防疫合格证

图3－10 健康雏鸡

二、雏鸡的要求

（一）健康雏鸡

活泼好动，反应灵敏，叫声响亮；脐部愈合良好；腹部柔软，卵黄吸收良好，肛门周围无污物黏附；喙、眼、腿、爪等无畸形；体重大小适中且均匀，体型外貌符合该品种标准。

●（二）弱雏●

凡站立不稳、精神迟钝、绒毛杂乱、背部粘有蛋壳、脐部愈合不良、腹部坚硬以及拐脚、歪头、眼睛有缺陷或交叉嘴的雏鸡（图3－11）要全部淘汰，以免造成污染和不必要的饲料浪费。

图3－11　弱雏

三、雏鸡的运输

雏鸡运输要求迅速、及时、安全。雏鸡出壳后尽早运至育雏舍。运输雏鸡要用具备空调系统的专用运输车辆（图3－12，图3－13，图3－14），确保在运输过程中为雏鸡提供舒适的环境条件。运输途中要注意检查雏鸡动态。

图3－12　雏鸡运输车

图 3－13　运输车内部

图 3－14　专用雏鸡运输箱

第三节　饮水与开食

一、初饮

雏鸡入舍后第一次饮水称为初饮。雏鸡饮用水应清洁卫生，水质符合“NY 5027—2008 无公害食品 畜禽饮用水水质”标准。水中可添加 3% ~5% 葡萄糖或适量电解多维以及抗菌药。要随时检查鸡群，确保每只鸡都能饮到水。

图 3－15　雏鸡初饮

二、开食

雏鸡第一次喂料称为开食。在雏鸡充分饮水后（3～4小时），即可开食，开食时可以把饲料放在开食盘、小料桶或塑料布上饲喂（图3－16），也可直接使用料线。

图3－16 雏鸡开食

第四节 规范环境控制

一、温度控制

温度是育雏成败的关键因素之一。温度与雏鸡的散热、采食、消化、饮水、活动密切相关，甚至影响雏鸡的健康与成活。雏鸡体温调节能力差，必须提供适宜的环境温度（图3－17）。不同日龄所需适宜温度见表3－1。根据不同日龄采取加温或降温措施提供适宜的生长环境。

表3－1　鸡在不同日龄的适宜温度

日龄（天）	1～3	4～7	8～14	15～21	22～28	29～35	36～出栏
温度（℃）	33～35	30～33	27～30	25～27	22～25	18～25	15～25

温度适宜：鸡群分布均匀，吃料有序，精神活泼，羽毛光滑整齐，食欲旺盛，展翅伸腿，睡眠安静，睡姿伸头舒腿。

图3－17　温度适宜

衡量温度是否合适，除随时检查温度表外，还要观察鸡群动态。温度过高过低不仅对鸡群的生长发育不利，而且死亡率高（图3－18，图3－19，图3－20）。

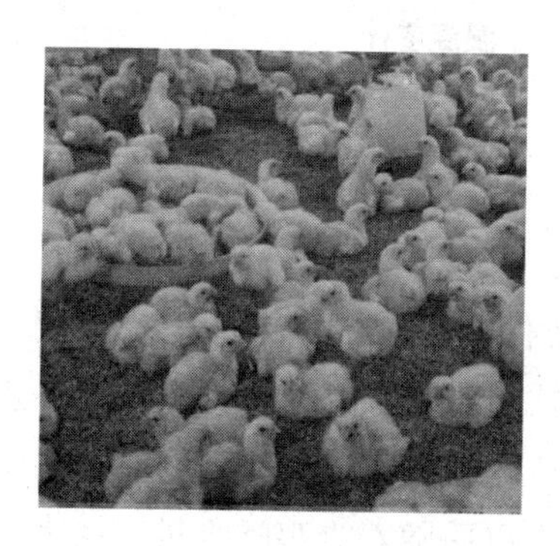

温度过高：表现为远离热源，张嘴呼吸，饮水增多，而且高温影响雏鸡正常的代谢，食欲减退，生长发育受阻。

图3－18　温度过高

温度过低：雏鸡向热源附近集中，闭眼尖叫，互相挤压，层层堆积，体质弱的鸡可能因为互相挤压而死亡。

图 3－19　温度过低

图 3－20　干湿温度计

二、湿度控制

育雏期前 10 天的湿度要保持在 65%～70%。若湿度过低，雏鸡容易脱水，表现为饮水量增加，卵黄吸收不良，灰尘量增加刺激呼吸道黏膜，易诱发呼吸道病。可以通过鸡舍喷雾等方式来增加湿度。10 天以后随着雏鸡呼吸量、饮水量以及排粪量增加，湿度一般不会太低，但要注意防止湿度过大。

三、饲养密度

饲养密度受饲养品种、饲养方式和鸡舍环境条件（特别是温度、湿度和通风）的影响较大。在良好环境条件下，推荐快大型肉鸡每平方米的出栏体重25~35千克。优质肉鸡由于出栏体重较小，活动量大，饲养密度适当降低。

四、光照控制

适宜的光照时间和光照强度，可以提高肉鸡的生产性能。目前快大型白羽肉鸡一般采用下表规定的光照程序。光照设备要分布均匀，功率不要太大，白炽灯以不超过60瓦为宜（图3-21，图3-22，表3-2）。

表3-2　不同日龄适宜的光照时间控制

日龄（天）	1~3	4~7	8~21	22~出栏
光照时间（小时）	24	23	23	23
光照强度（瓦/平方米）	20~15	20~15	15~10	5~3

五、通风换气

通风是调节鸡舍环境条件的有效手段，不但可以输入新鲜空气，排出氨气（NH_3）、硫化氢（H_2S）等有害气体，还可以调节温度、湿度。但是，通风过程中要注意防止发生贼风（图3-23）。标准化、规模化肉鸡舍空气质量一般进行自

网上或地面厚垫料平养时，光照均匀分布在整个鸡舍内，灯泡离鸡体高度2米左右。

图 3-21　地面或网上平养光照

笼养条件下光照采用错层设置，以保证给鸡群提供均匀的光照强度。

图 3-22　笼养光照设置

动控制，鸡舍空气环境标准见表 3-3。自动控制系统和通风方式见第二章养殖设施化。

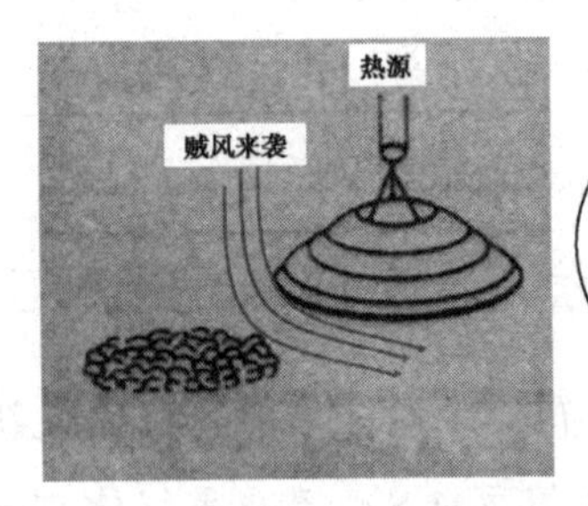

为保持舍内空气新鲜，有利于鸡群生长发育，要在保温的同时，注意通风换气，鸡舍空气质量以人感觉适宜为标准，但要防止贼风的袭击或温度骤降诱发疫病。

图 3-23　贼风

表 3－3 肉鸡场区空气环境质量最高限量指标

序号	项目	场区	肉鸡舍	
			雏鸡	成鸡
1	氨气（毫克/立方米）	5	10	15
2	硫化氢（毫克/立方米）	2	2	10
3	二氧化碳（毫克/立方米）	750	1 500	1 500
4	可吸入颗粒物（标准状态，毫克/立方米）	1	4	5
5	总悬浮颗粒物（标准状态，毫克/立方米）	2	8	8
6	恶臭（稀释倍数）	50	70	70

第五节 规范饲养管理

一、饲喂制度

要保证有充足的饮水、采食位。随日龄的增加及时调整饮水乳头和采食位至适宜高度（图 3－24）。喂料要遵循少投勤添的原则，2 周龄内每昼夜饲喂 4～6 次。以后每天投料不少于 3 次。为保证饲料新鲜、营养平衡，投喂的饲料夏季要每天吃净一次，冬季至少每三天吃净一次。

目前，采用两段制或三段制饲喂程序，两段制分为前期料和后期料，三段制分为育雏料、生长料、育肥料，各阶段之间饲料更换时可采取逐步过渡的办法，以降低换料所带来的应激反应。

图 3－24　自动调节水线料线高度

二、鸡群观察

健康雏鸡活泼好动，不扎堆，不乱叫，不呆立瞌睡。雏鸡的采食量随日龄的增大而逐渐变大，平时注意采食量的变化，如果采食量减少或者连续几天不变，要及时检查原因，看是饲料还是疾病问题，及时解决。平时还要注意观察粪便形状、颜色，有无红粪、绿粪或拉稀等情况的出现。

每次饲喂时观察有无病弱个体，如发现鸡蜷缩于某一角落，喂料时不抢食，行动迟缓，精神萎靡，低头缩颈，翅膀下垂应立即隔离治疗，严重者淘汰。还应注意观察有无啄肛、啄羽等恶癖的发生。生长、育肥期体重增长迅速，如果日粮中缺乏某种营养素或饲养管理不当，易引发啄癖，一旦发现，必须马上剔出被啄的鸡，分开饲养，并采取有效措施如降低光照强度、加强通风等防止恶癖蔓延（图 3－25）。

图 3－25　现场观察

三、卫生消毒

肉鸡生长速度快，饲养周期短，饲养密度大，一旦发病，传播很快，很难控制，即使痊愈，也会造成严重损失。因此，肉鸡饲养过程中的卫生消毒尤为重要。鸡舍门口设消毒池，注意水槽、食槽卫生，定期清洗消毒。要根据天气状况定期带鸡消毒，降低鸡舍空气中的粉尘和病原微生物的含量，特别是在疾病高发季节，每天消毒两次。不同类型的消毒液应交替使用以提高消毒效果（图 3－26，图 3－27）。

图 3－26　喷雾消毒

图 3－27　臭氧消毒

四、免疫接种与药物预防

免疫接种参见第四章防疫制度化。禁用药物见附录，如需用药要严格控制药物剂量和停药期。

第六节　成鸡出栏

一、出栏注意事项

出栏前 4 ~6 小时停喂饲料，但不停止供水；抓鸡过程中尽可能地避免惊扰鸡群，防止鸡群挤压成堆；捉鸡时应抓住鸡的双腿，往笼内轻放（图 3 –28），鸡笼内不可放鸡过多，运输途中要平稳（图 3 –29），尽量不停留，到达目的地后及时卸车，以减少应激甚至死亡。

图 3 –28　成鸡出栏

图 3 –29　装笼运输

二、全进全出制度

肉鸡采用全进全出制度，出栏后进行鸡舍及其设备的全

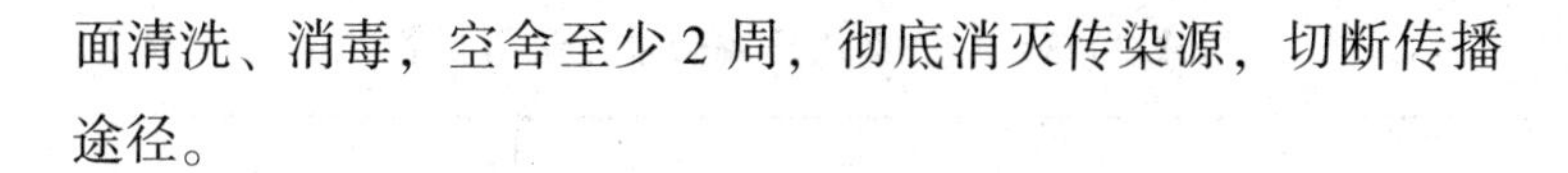

面清洗、消毒，空舍至少 2 周，彻底消灭传染源，切断传播途径。

第七节　营养需要与饲料种类

一、肉鸡营养需要

营养需要指的是动物达到期望的生产性能时，每天对能量、蛋白质、氨基酸、矿物质、维生素等养分的需要量。

(一) 快大型肉鸡的营养标准

目前我国饲养的快大型肉鸡品种主要为爱拔益加（AA）、科宝－500 和罗斯－308。育种公司根据自己培育出的品种（品系）的特点，制定饲养标准，称为专用标准，本部分以 AA^{+} 肉鸡为例（表 3－4，表 3－5，表 3－6）。

表 3－4　AA^{+} 肉用仔鸡常规营养成分需要量

营养指标	单位	日龄		
		0～10	11～24	25～出栏
代谢能	兆焦/千克	12.65	13.20	13.40
粗蛋白质	%	22～25	21～23	19～23
钙	%	1.05	0.90	0.85
有效磷	%	0.50	0.45	0.42
赖氨酸	%	1.43	1.24	1.09
蛋氨酸	%	0.51	0.45	0.41
蛋氨酸＋胱氨酸	%	1.07	0.95	0.85

表 3-5 AA⁺肉用仔鸡微量元素需要量

营养指标	单位	日龄		
		0~10	11~24	25~出栏
铁	毫克/千克	40	40	40
铜	毫克/千克	16	16	16
锰	毫克/千克	120	120	120
锌	毫克/千克	100	100	100
碘	毫克/千克	1.25	1.25	1.25
硒	毫克/千克	0.30	0.30	0.30
亚油酸	%	1.25	1.20	1.20

表 3-6 AA⁺肉用仔鸡维生素需要量

营养指标	单位	日龄		
		0~10	11~24	25~出栏
维生素 A	国际单位/千克	11 000	9 000	9 000
维生素 D	国际单位/千克	5 000	5 000	4 000
维生素 E	国际单位/千克	75	50	50
维生素 K	毫克/千克	3	3	2
硫胺素	毫克/千克	3	2	2
核黄素	毫克/千克	8	6	5
泛酸	毫克/千克	15	15	15
烟酸	毫克/千克	60	60	40
吡哆酸	毫克/千克	4	3	2
生物素	毫克/千克	0.15	0.10	0.10
叶酸	毫克/千克	2.00	1.75	1.50
维生素 B_{12}	毫克/千克	0.016	0.016	0.010
胆碱	毫克/千克	1 600	1 500	1 400

我国在综合各品种的专用标准的基础上，结合肉鸡生产实际，研究制定了通用营养标准，称为国家标准。表3-7，表3-8，表3-9是中华人民共和国农业行业标准NY/T 33—2004《中国肉仔鸡饲养标准》。

表3-7 中国肉用仔鸡常规营养成分需要

营养指标	单位	周龄		
		0~3	4~6	7~出栏
代谢能	兆焦/千克	12.54	12.96	13.17
粗蛋白质	%	21.5	20	18
钙	%	1.00	0.90	0.80
有效磷	%	0.45	0.40	0.35
赖氨酸	%	1.15	1.00	0.87
蛋氨酸	%	0.50	0.40	0.34
蛋氨酸+胱氨酸	%	0.91	0.76	0.65

表3-8 中国肉用仔鸡微量元素需要量

营养指标	单位	周龄		
		0~3	4~6	7~出栏
铁	毫克/千克	100	80	80
铜	毫克/千克	8	8	8
锰	毫克/千克	102	100	80
锌	毫克/千克	100	80	80
碘	毫克/千克	0.7	0.7	0.7
硒	毫克/千克	0.3	0.3	0.3
亚油酸	%	1	1	1

表 3-9　中国肉用仔鸡维生素需要量

营养指标	单位	周龄		
		0~3	4~6	7~出栏
维生素 A	国际单位/千克	8 000	6 000	2 700
维生素 D	国际单位/千克	1 000	750	400
维生素 E	国际单位/千克	20	10	10
维生素 K	毫克/千克	0.5	0.5	0.5
硫胺素	毫克/千克	2.0	2.0	2.0
核黄素	毫克/千克	8	5	5
泛酸	毫克/千克	10	10	10
烟酸	毫克/千克	35	30	30
吡哆酸	毫克/千克	3.5	3.0	3.0
生物素	毫克/千克	0.18	0.15	0.10
叶酸	毫克/千克	0.55	0.55	0.50
维生素 B12	毫克/千克	0.010	0.010	0.007
胆碱	毫克/千克	1 300	1 000	750

(二) 优质肉鸡的饲养标准

我国于 2004 年新修订了农业行业标准《中华人民共和国农业行业标准》(NY/T 33—2004),并确定了黄羽肉鸡(优质肉鸡)的饲养标准(表 3-10,表 3-11,表 3-12)。

表 3-10　黄羽肉鸡仔鸡常规营养成分需要

营养指标	单位	周龄		
		公鸡 0~4 母鸡 0~3	公鸡 5~8 母鸡 4~5	公鸡 >8 母鸡 >5
代谢能	兆焦/千克	12.12	12.54	12.96
粗蛋白质	%	21.0	19.0	16.0

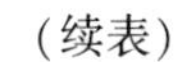

（续表）

营养指标	单位	周龄		
		公鸡 0 ~ 4 母鸡 0 ~ 3	公鸡 5 ~ 8 母鸡 4 ~ 5	公鸡 >8 母鸡 >5
钙	%	1.00	0.90	0.80
总磷	%	0.68	0.65	0.60
有效磷	%	0.45	0.40	0.35
赖氨酸	%	1.05	0.98	0.85
蛋氨酸	%	0.46	0.40	0.34
蛋氨酸 + 胱氨酸	%	0.85	0.72	0.65

表 3－11　黄羽肉鸡微量元素的需要

营养指标	单位	周龄		
		公鸡 0 ~ 4 母鸡 0 ~ 3	公鸡 5 ~ 8 母鸡 4 ~ 5	公鸡 >8 母鸡 >5
氯	%	0.15	0.15	0.15
铁	毫克/千克	80	80	80
铜	毫克/千克	8	8	8
锰	毫克/千克	80	80	80
锌	毫克/千克	60	60	60
碘	毫克/千克	0.35	0.35	0.35
硒	毫克/千克	0.15	0.15	0.15
亚油酸	%	1	1	1

饲养标准或营养需要的制订都是以一定的条件为基础，有其适用范围，所以实际应用时要根据饲养方式、环境条件、疾病及其他应激因素适当调整。

表 3-12 黄羽肉鸡维生素的需要

营养指标	单位	周龄		
		公鸡 0~4 母鸡 0~3	公鸡 5~8 母鸡 4~5	公鸡 >8 母鸡 >5
维生素 A	国际单位/千克	5 000	5 000	5 000
维生素 D	国际单位/千克	1 000	1 000	1 000
维生素 E	国际单位/千克	10	10	10
维生素 K	毫克/千克	0.5	0.5	0.5
硫胺素	毫克/千克	1.8	1.8	1.8
核黄素	毫克/千克	3.6	3.6	3.6
泛酸	毫克/千克	10	10	10
烟酸	毫克/千克	35	30	25
吡哆酸	毫克/千克	3.5	3.5	3.0
生物素	毫克/千克	0.15	0.15	0.15
叶酸	毫克/千克	0.55	0.55	0.55
维生素 B12	毫克/千克	0.010	0.010	0.010
胆碱	毫克/千克	1 000	750	500

二、配合饲料的种类

配合饲料是指根据不同品种、不同生长阶段、不同生产要求的营养需要，按科学配方把不同来源的饲料原料，依一定比例均匀混合，并按规定的工艺流程生产以满足各种实际需求的饲料（图 3-30）。

（一）按营养成分分类

饲料按营养成分可分为预混料（图 3-31）、浓缩料（图 3-32）和全价料（图 3-33），其关系见图 3-30。

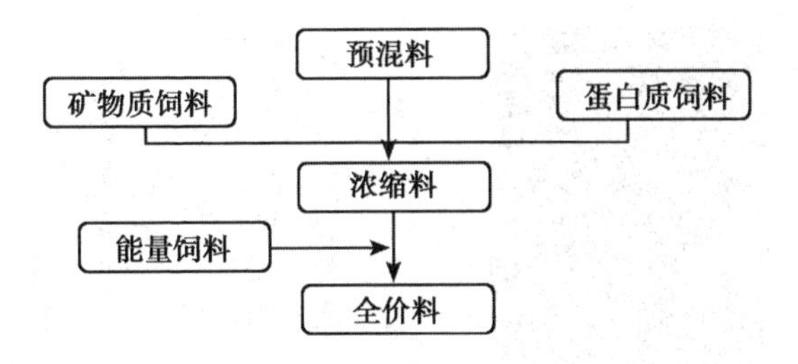

图 3－30　各类配合饲料之间的关系

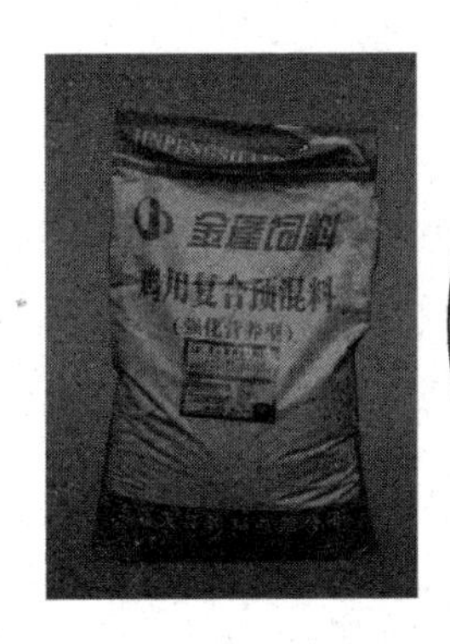

预混料又称添加剂预混料，一般由各种添加剂加载体混合而成，是一种饲料半成品。可供生产浓缩饲料和全价饲料使用，其添加量为全价饲料的0.5%～5%，不能直接饲喂动物，是配合饲料的核心。

图 3－31　预混料

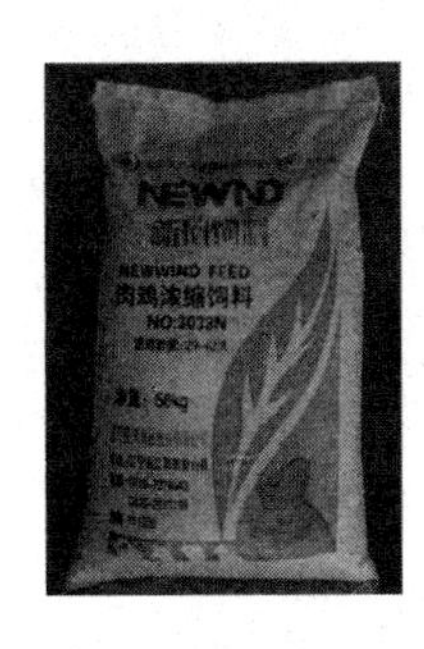

浓缩料不含能量饲料，需按生产厂的说明与能量饲料的配合稀释后方可应用，通常占全价配合饲料的20%～30%。

图 3－32　浓缩料

全价料又称全价配合饲料，能够全面满足肉鸡的营养需要，不需要另外添加任何营养性物质的配合饲料。

图 3－33　全价料

（二）按物理形状分类

全价配合饲料按饲料形状可分为粉料、颗粒料和碎裂料（图 3－34，图 3－35），这些不同形状的饲料各有其优缺点，可酌情选用其中的一种或两种。目前，肉鸡标准化规模养殖场多采用颗粒料或粉料。

将各种饲料原料磨碎后，按一定比例混合均匀而成，营养完善。但缺点是易挑食，粉尘大。粉料的细度应在 1～2.5毫米，过细鸡不易下咽，适口性变差。

图 3－34　粉料

（三）按生理阶段分类

肉仔鸡的饲料配方目前有两种形式，即两段式和三段式饲养（图 3－36）。一般两段式划分方法是 0～4 周为前期，5

颗粒料是粉料经颗粒机制粒得到的块状饲料，多呈圆柱状，适口性好，饲料报酬高，但成本较高。

图 3－35　颗粒料

周到出栏为后期；三段式划分是 0～3 周为前期、4～6 周为中期、7 周到出栏为后期。

图 3－36　不同饲养阶段饲料

第八节　饲料品质要求与检测

一、肉鸡配合饲料品质的要求

配合饲料的质量必须符合《无公害食品畜禽饲料和饲料添

加剂使用准则》（NY 5032—2006）和《产蛋后备鸡、产蛋鸡、肉用仔鸡配合饲料》（GB/T 5916—2008）规定的质量标准。

二、常规养分的检测

为了保障饲料质量，根据 NY 5032—2006、GB/T 5916—2008 要求，应对配合饲料常规成分如水分、粗蛋白、钙、磷、粗脂肪、粗灰粉、混合均匀度等指标进行检测。

（一）水分

水分的含量对配合饲料质量的影响非常大，水分过高饲料容易发霉、腐败，因此，要控制水分含量。北方不高于 14%，南方不高于 12.5%（图 3－37）。

图 3－37 快速水分测定仪

（二）粗蛋白质

按照 GB/T 6432—94 规定，利用凯氏定氮法测定配合饲料中粗蛋白含量。

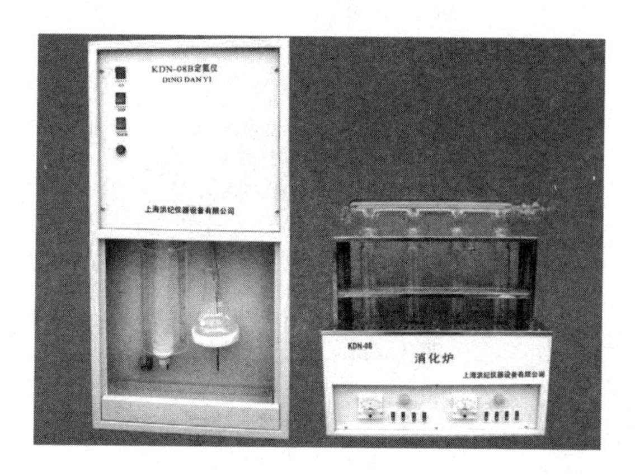

图3－38　凯氏定氮法设备

（三）磷

根据GB/T 6437—2002规定，利用钼黄分光光度法测定饲料中总磷的含量。

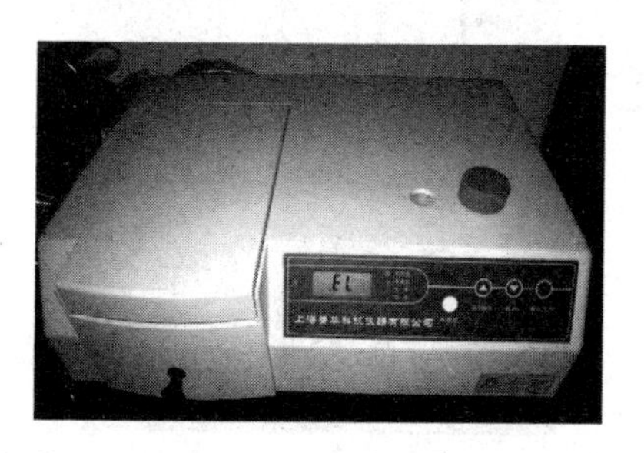

图3－39　分光光度计

（四）粗脂肪

GB/T 6433—2006《饲料中粗脂肪的测定》规定，采用索氏抽提法利用乙醚提取脂肪进行测定。

图 3－40　索氏抽提仪

（五）钙

根据 GB/T 6436—2002 规定，利用高锰酸钾或者乙二胺四乙酸二钠滴定法测定饲料中钙的含量。

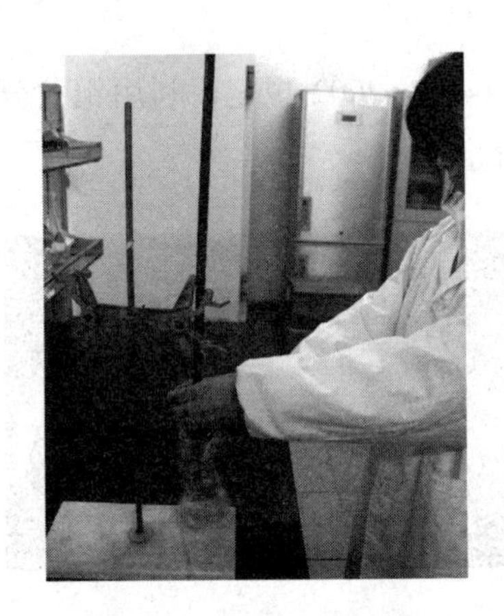

图 3－41　钙含量滴定测定

（六）均匀度

测定配合饲料的混合均匀度，用以保证各原料混合均匀，肉鸡采食后营养全面。

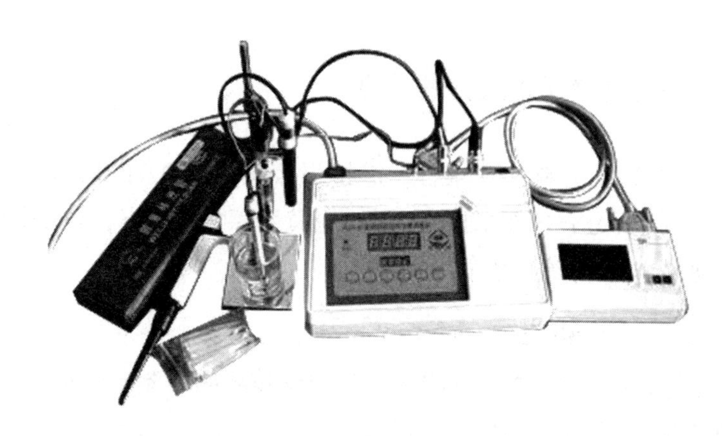

图 3－42　均匀度测定仪器

(七) 硬度

硬度过大是由于饲料中含水分太少，口感差也不利于消化；太软是因为饲料含水量水分太多，则容易霉变，保质时间短。

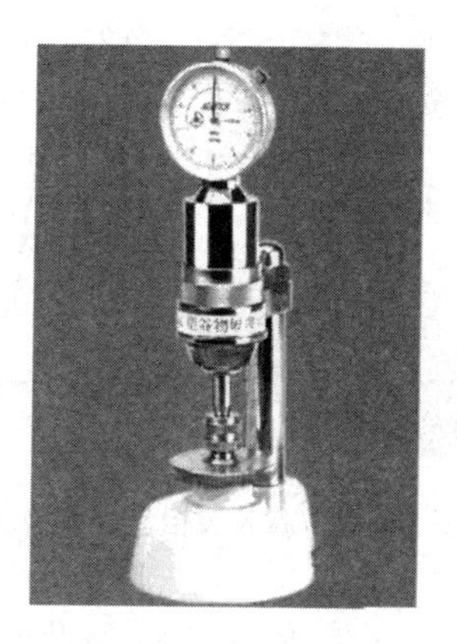

图 3－43　饲料硬度测定

三、违禁添加成分的检测

为保证饲料的安全性，需按照《饲料卫生标准》（GB 13078—2001）等要求检测盐酸克仑特罗、呋喃唑酮、莱克多巴胺、喹乙醇等违禁添加成分。

（一）呋喃唑酮、喹乙醇

执行 NY/T 727—2003《饲料中呋喃唑酮的测定》标准，利用高效液相色谱法（图 3-44）；用于含 10～5 000 毫克/千克呋喃唑酮的配合饲料和含量为 0.5%～20% 的预混合饲料及浓缩饲料。GB/T 8381.7—2009《饲料中喹乙醇的测定 高效液相色谱法》适用于配合饲料、浓缩饲料和添加剂预混合饲料中喹乙醇的测定，最低定量限为 1 毫克/千克，检出限为 0.1 毫克/千克。

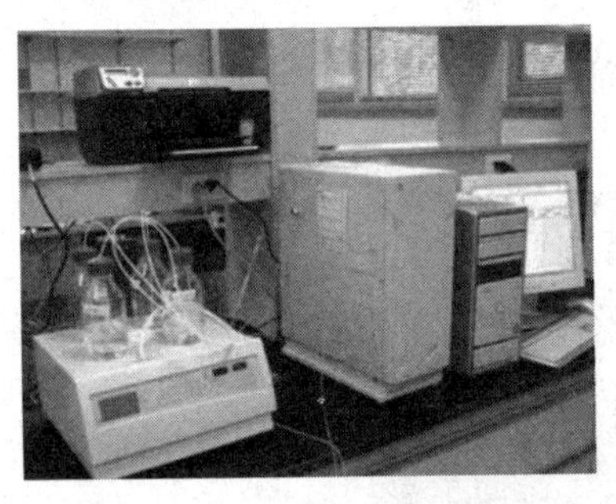

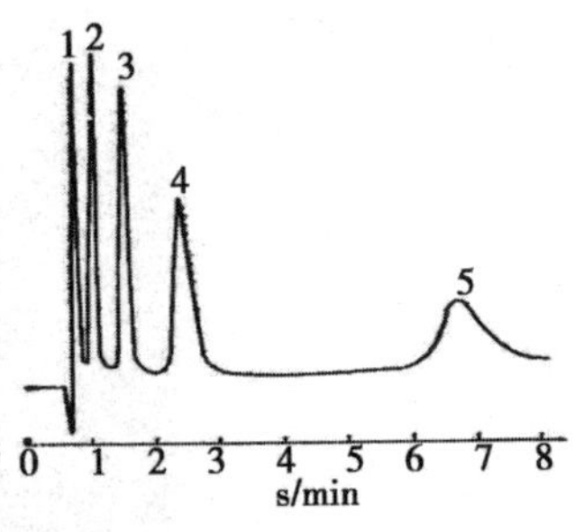

图 3-44 高效液相色谱仪检测

（二）沙丁胺醇、莱克多巴胺和盐酸克仑特罗

应用 GBT 22147—2008《饲料中沙丁胺醇、莱克多巴胺和

盐酸克仑特罗的测定—液相色谱质谱联用法》，同步测定饲料中沙丁胺醇、莱克多巴胺和盐酸克仑特罗的测定液相色谱质谱联用法（图3－45），适用于配合饲料、浓缩饲料和添加剂预混合饲料中沙丁胺醇、莱克多巴胺和盐酸克仑特罗的测定。

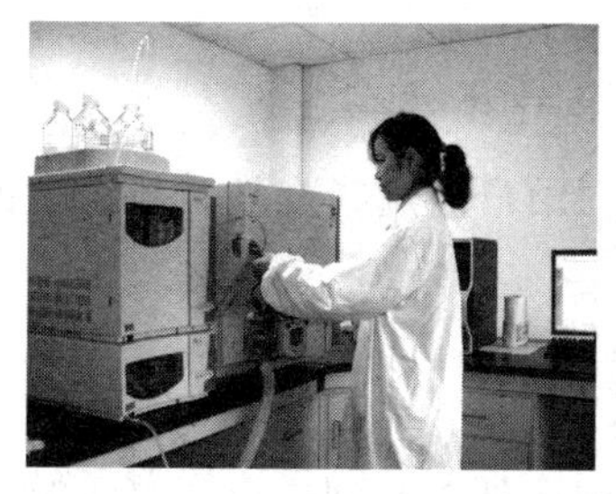
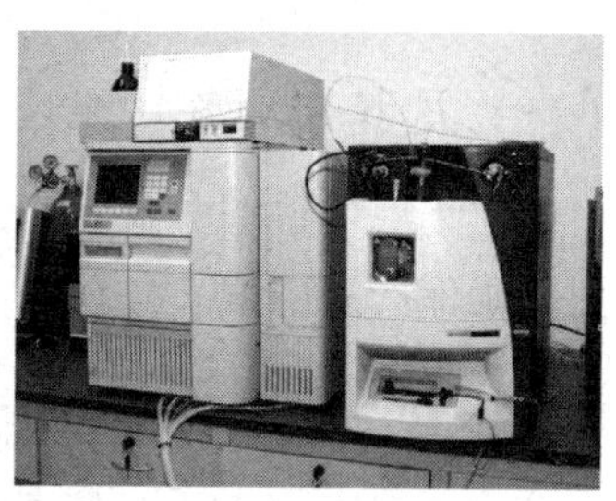

图3－45 液相色谱质谱联用

（三）黄曲霉毒素

GB/T 17480—2008《饲料中黄曲霉毒素 B_1 的测定 酶联免疫吸附法》规定了饲料中黄曲霉毒素 B_1 的酶联免疫吸附测定（ELISA）（图3－46）方法。适用于各种饲料原料、配合饲料及浓缩饲料中黄曲霉毒素 B_1 的测定。检出限为0.1微克/千克。

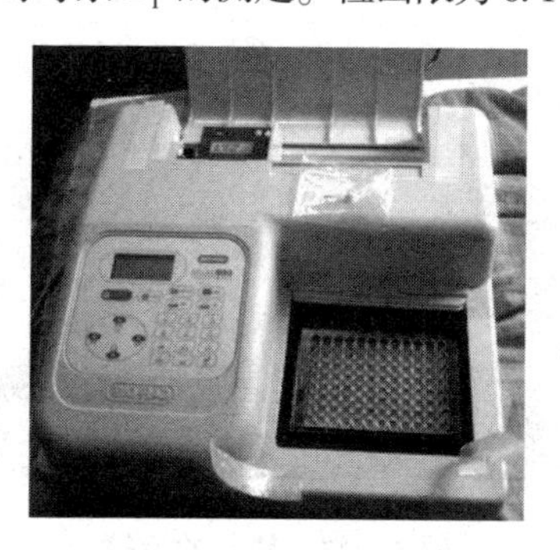

图3－46 酶联免疫吸附

第九节　饲料的选择与贮运

一、选择全价饲料应注意的问题

(一) 选择实力强、信誉好的生产企业

由于生产饲料的企业众多，用户需选择产品质量稳定的企业，确保产品质量。

(二) 切忌重复使用添加剂

全价饲料中加入了一些常用添加剂，购买应注意了解其添加剂的种类，避免重复添加该类添加剂。

二、配合饲料的运输

启运前，应严格执行饲料卫生标准，原料与成品不要同车装运，已经污染的饲料不许装运。运输的车船应保持清洁干燥（图3－47），必要时需作消毒处理。运输过程中要轻装轻卸，

图3－47　饲料的运输

防止包装破损，防雨防潮，减少再污染的机会和霉败。最好采用罐车运输散装饲料至料塔，减少包装费用和污染机会。

三、配合饲料的贮存

（一）贮存方式

饲料要保存在通风干燥、低温、避光和清洁的环境中，并注意保质期（图3－48，图3－49）。

图3－48　饲料塔

图3－49　饲料库

（二）影响饲料贮存的因素

温度：对贮藏饲料的影响较大，高温会加快饲料中营养成分的分解速度，还能促进微生物、储粮害虫等的繁殖和生长，导致饲料发热霉变。

阳光：照射一方面会使饲料温度升高，另一方面会促进饲料中营养物质的氧化，以及维生素蛋白质的失活或者变性。影响营养价值和适口性。

虫、鼠害：虫害会造成营养成分的损失或毒素的产生。鼠的

危害不仅在于它们吃掉大量的饲料，而且还会造成饲料污染，传播疾病。为避免虫害和鼠害，在贮藏饲料前，应彻底清除仓库内壁，夹缝及死角，堵塞墙角漏洞，并进行密封熏蒸消毒处理。

霉菌：饲料在储存、运输、销售和使用过程中极易发生霉变，霉菌不仅消耗、分解饲料中的营养物质，还会产生霉菌毒素，引起畜禽腹泻、肠炎等，严重的导致死亡。

水分和湿度：当水分控制在10%以下（即水分活度不大于0.6），任何微生物都不能生长。配合饲料的水分大于13%，或空气中湿度大，都会使饲料容易发霉。因此，在常温仓库内储存饲料时要求空气的相对湿度在70%以下，饲料含水量以北方不高于14%，南方不高于12.5%为宜。配合饲料包装要用双层袋，内用不透气的塑料袋，外用纺织袋包装，仓库要经常保持通风、干燥（图3－50）。

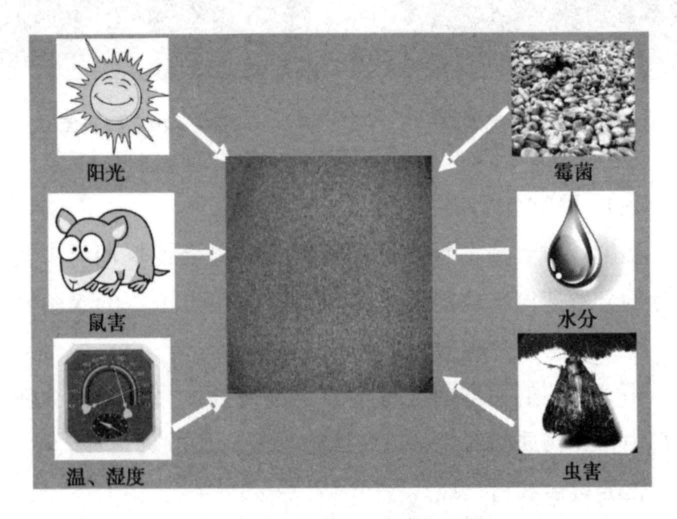

图3－50　影响饲料储存的因素

第四章　防疫制度化

标准化生产的最重要的环节就是预防疾病特别是传染性疾病的发生。因此除了良种化、养殖设施化、饲养管理规范化之外，还要做到卫生消毒制度化、防疫制度化。日常生产中突出“三坚持，一谢绝”，即坚持凡“进”（如车辆、人员、饲料、养鸡设备等）必消毒，坚持空舍熏蒸消毒，坚持带鸡消毒，谢绝参观。制订科学的免疫程序和投药方案，根据本地本场鸡病发生规律制订切实有效的免疫程序和投药方案。在执行免疫程序和投药方案时，要确定用药剂量、方法和疗程。定期驱虫，定期灭蚊、灭蝇、灭鼠。搞好环境卫生，做到“六净”，即鸡舍内及其周围环境干净（图4－1），用具设备干净，饲料干净，饮水干净，鸡体干净，饲养人员干净。预防疾病要做到有的放矢，避免有病乱投药，无病常用药。防疫制度化重点是防疫设施完善，防疫制度健全，科学实施畜禽疫病综合防控措施，对病死畜禽实行无害化处理，按照“防重于治”的理念，做到防患于未然。

第一节　消毒

消毒是指利用物理、化学和生物学的方法清除或杀灭外环境（各种物体、场所、饲料饮水及畜禽体表皮肤）中的病

原微生物及其他有害微生物。消毒是肉鸡场生物安全措施关键的环节之一，一方面可以减少病原进入养殖场或鸡舍，另一方面可以杀灭已进入养殖场或鸡舍的病原。因此，消毒效果好坏直接关系到场外微生物能否传入到鸡场。

一、消毒方法

（一）物理消毒法

物理消毒法是指应用物理因素杀灭或清除病原微生物及其有害生物的方法，包括以下几种。

1. 清除消毒

通过清扫、冲洗、洗擦和通风换气等手段达到消除病原体的目的，是最常用的消毒方法之一（图4－2）。具体步骤为：

彻底清扫→冲洗（高压水枪）→喷洒2%～4%烧碱液→（2小时后）高压水枪冲洗→干燥→（密闭门窗）福尔马林熏蒸24小时→备用（有疫情时重复2次）。

2. 紫外线消毒

紫外线可以改变细菌及其代谢产物的某些分子基因，使其酶、毒素等灭活；它又能使细胞变性，引起酶体蛋白质和酶代谢障碍而导致微生物变异或死亡。其波长以266～265纳米杀菌力最强；通常每6～15平方米空气1支15瓦紫外灯，如按地面面积则每9平方米需1支30瓦紫外灯；在灯管上部安设反光罩，离地面2.5米左右。灯管距离污染表面不易超过1米，每次照射30分钟左右。

图4－1　清除粪便后的鸡舍

图4－2　鸡舍内清扫、冲洗过程

3. 高温消毒和灭菌

高温对微生物有明显的致死作用。高温可以灭活包括细菌及繁殖体、真菌、病毒和抵抗力最强的细菌芽孢在内的一切微生物。高温消毒和灭菌主要分为干热消毒灭菌和湿热消毒灭菌，其中干热消毒灭菌以火焰消毒最为常用，湿热消毒灭菌主要常用煮沸消毒和高压蒸汽灭菌。煮沸消毒：利用沸水的高温作用杀灭病原体。常用于针头、金属器械、工作服等物品的消毒。煮沸 15～20 分钟可以杀死所有的细菌的繁殖体。应用此法消毒时，一定注意是从水沸腾算起，煮沸 20 分钟左右。高压蒸汽灭菌：高压蒸汽灭菌是通过加热来增加蒸汽压力，提高水蒸气温度，达到短时间灭菌的效果。高压蒸汽灭菌具有灭菌速度快、效果可靠的特点，常用于玻璃器皿、纱布、金属器械、培养基、生理盐水等消毒灭菌（图4－3）。

4. 火焰消毒

灭菌效力强。火焰消毒是典型的干热消毒灭菌法，以煤油或柴油为燃料，用火焰喷射笼具等消毒。如新城疫副黏病毒在70℃的高温下 2 分钟可以被杀死（图4－4）。火焰消毒

器的温度能达到300℃，对鸡舍的墙壁、地面进行细致的火焰消毒能迅速杀死物体浅表及缝隙内的病原微生物。但在进行火焰消毒时要注意自我保护和防火。

图4－3　高压蒸汽灭菌锅及煮沸消毒

图4－4　火焰消毒

（二）化学消毒法

化学消毒方法是利用化学药物（或消毒剂）杀灭或清除微生物的一种方法。因为微生物的种类不同，又受到外界环境的影响，所以，各种化学药物（消毒剂）对微生物的影响也是不同的。根据不同的消毒对象，可以选用不同的化学药物（消毒剂）进行。化学消毒方法主要有浸泡法、喷洒法、熏蒸法和气雾法等。

1. 浸泡法

将一些小型设备和用具放在消毒池内（图4－5），用药物浸泡消毒，如蛋盘、饮水盘、试验器材等的消毒。

2. 喷撒法

主要用于地面的喷撒消毒（图4－6）、进鸡前对鸡舍周围5米以内的地面用火碱或0.2%～0.3%过氧乙酸消毒。水泥地面一般常用消毒药品喷撒。如果有芽孢污染的话，用10%氢氧化钠喷撒。含炭疽等芽孢杆菌的粪便、垃圾的地面，铲除地表土按 1∶1 的比例与漂白粉混合后深埋，地面再撒上 5 千克/平方米漂白粉。大面积污染的土壤和运动场地面，可翻地，在翻地的同时撒上漂白粉，用量为 0.5～5 千克/平方米混合后，加水湿润压平。

图 4－5　料盘浸泡消毒池

图 4－6　地面撒石灰消毒

3. 熏蒸法

将消毒药经过物理或化学处理后，使其产生杀菌性气体，用它来消灭一些死角中的病原体。适用于密闭的鸡舍和其他建筑物。这种方法简单易行，对房屋结构无损，消毒全面，经常用于进鸡前的熏蒸消毒。常用的药物为福尔马林、过氧乙酸水溶液等。例如，按照每立方米福尔马林 30 毫升、高锰酸钾 15 克配比进行消毒，消毒完毕后封闭鸡舍 2 天以上。

4. 气雾法

气雾是消毒液倒进气雾发生器后喷射出的雾状颗粒，是消灭空气中病原微生物的有效方法。鸡舍经常用的主要是带鸡喷雾消毒（图 4－7），配制好 0.3% 过氧乙酸或 0.1% 次氯酸钠溶液，用压缩空气雾化喷到鸡体上。此种方式能及时有效地净化空气，创造良好的鸡舍环境，抑制氨气产生，有效地杀灭鸡舍内环境中的病原微生物，消除疾病隐患，达到预

防疾病的目的。

(三) 生物消毒方法

主要是指利用发酵方法来杀死鸡粪中的病原微生物，具体方法将在第五章进行介绍。

图 4－7 鸡舍内高锰酸钾和甲醛熏蒸图

二、消毒设备

(一) 高压清洗机

主要用途是冲洗鸡舍、饲养设备、车辆等，在水中加入消毒剂，同时实现物理冲刷与化学消毒的作用，效果显著(图 4－8)。

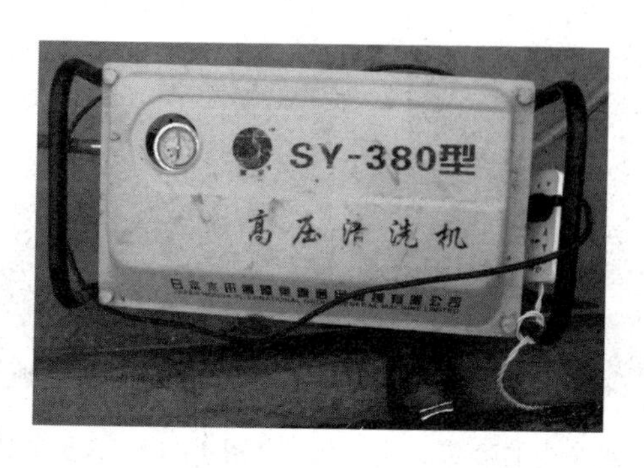

图4-8　高压清洗机

（二）火焰灭菌设备

包括火焰喷灯和喷雾火焰兼用型。火焰喷灯直接用火焰灼烧，可以立即杀死存在消毒对象的全部病原微生物。因为喷灯的火焰具有极高的温度，所以在实践中经常用于各种病原体污染的金属制品，如笼具的消毒。

（三）高压喷雾装置

喷雾消毒能杀灭场内、舍内灰尘、空气中的各种致病菌，大大降低舍内病原体的数量，从而减少传染病的发生，提高养殖场的经济效益。常用的带鸡消毒剂是0.3%过氧乙酸或0.1%次氯酸钠溶液等（图4-9，图4-10）。

（四）保证消毒效果的措施举例

近年来标准化肉鸡场借鉴其他行业经验，通过设备设施改进，保证了人员出入消毒通道必须达到规定的消毒时间，进一步加强消毒通道的消毒效果（图4-11，图4-12）。

图 4－9　鸡舍内的喷雾消毒设备

图 4－10　人员通道内的喷雾消毒设备

图 4－11　气雾发生器

三、常用消毒剂

（一）卤素类消毒剂

卤素类中，作为消毒的主要是氯、碘以及能释放出氯、碘的化合物。含氯消毒剂是指在水中能产生杀菌作用的活性次氯酸的一类消毒剂，包括有机含氯消毒剂和无机含氯消毒

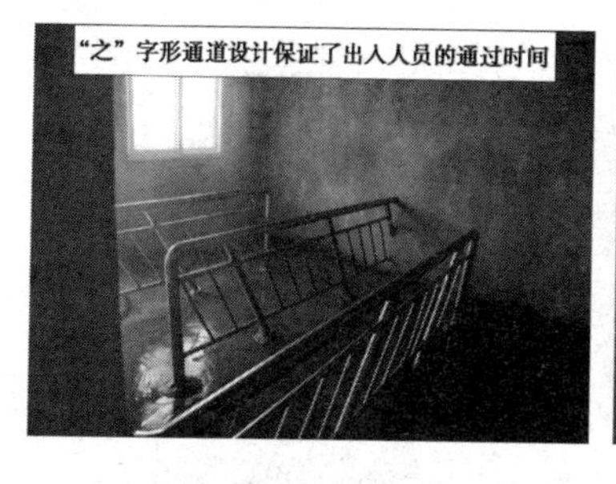

图 4－12　不同类型消毒通道的延时设计

剂（表 4－1）。

表 4－1　无机含氯消毒剂和有机含氯消毒剂比较

项目	无机含氯消毒剂	有机含氯消毒剂
种类	漂白粉、漂白精、三合二、次氯酸钠、二氧化氯等	二氯异氰尿酸钠、三氯异氰尿酸钠、二氯海因、溴氯海因、氯胺 T、氯胺 B、氯胺 C 等
主要成份	次氯酸盐为主	氯胺类为主
杀菌作用	杀菌作用较快	杀菌作用较慢
稳定性	性质不稳定	性质稳定

目前，碘类消毒剂常用的是复合碘（图 4－13）和碘伏（图 4－14），能杀灭大肠杆菌、金黄色葡萄球菌、鼠伤寒沙门氏菌、真菌、结合分枝杆菌及各种病毒。复合碘稀释 100～300 倍使用，用于鸡舍、器械的消毒；碘伏 1∶100 比例稀释，用于场地、鸡舍消毒。

（二）酚类消毒剂

酚类多用一元酚，一般与其他类型消毒药混合制成复合型消毒剂，能明显提高消毒效果。复合酚（图 4－15）又名菌毒

图 4－13　复合碘

图 4－14　碘伏

敌、畜禽灵，含酚41%～49%，醋酸22%～26%，呈深红褐色黏稠液体，有特异臭味。可杀灭细菌、真菌和病毒，对多种寄生虫卵也有杀灭作用。通常喷撒0.35%～1%溶液，主要用于鸡舍、笼具、饲养场地、运输工具及排泄物的消毒等。

（三）酸类消毒剂

包括无机酸和有机酸两类。无机酸主要包括硝酸盐酸和硼酸，有机酸包括甲酸、醋酸、乳酸和过氧乙酸等。最常用的过氧乙酸（图 4－16）又名过乙酸，对细菌的繁殖体、芽孢、真菌和病毒均具有杀灭作用。常用0.5%溶液喷洒消毒鸡舍、料槽和车辆等；0.3%溶液每立方米带鸡消毒；每升饮水20%过氧乙酸溶液1毫升，用于饮水消毒。注意过氧乙酸稀释液应现用现配。

（四）碱类消毒剂

包括氢氧化钠、氢氧化钾、生石灰等碱类物质，对细菌的繁殖体、芽孢和病毒都有很强的杀灭作用。氢氧化钠（图4－17），又叫烧碱、火碱、苛性钠，常用1%～2%的溶液，

图 4－15　复合酚

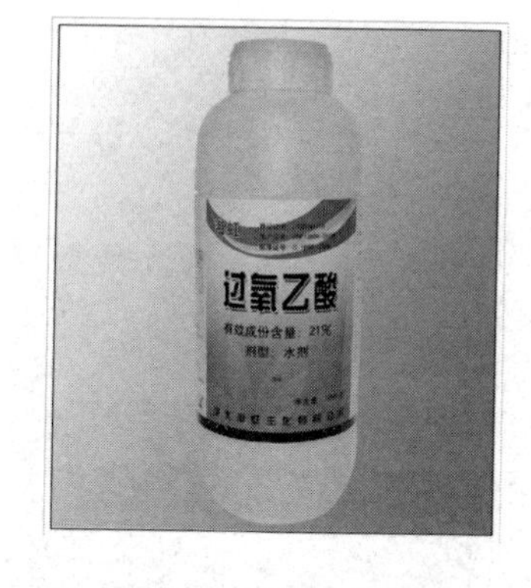

图 4－16　过氧乙酸

对鸡霍乱、鸡白痢等细菌和鸡新城疫等病毒污染的鸡舍、场地、车辆消毒；3%～5%溶液用于炭疽芽孢污染的场地消毒。

（五）醇类消毒剂

醇类随分子量增加杀菌作用增强，但是分子量太大的醇类水溶性不够，所以生产中常用乙醇（又名酒精，图 4－18）杀死繁殖性细菌、痘病毒等，以 70%～75% 杀菌效果最强，常用于皮肤、注射针头及医疗器械的消毒。

（六）醛类消毒剂

醛类能使蛋白质变性，杀菌作用比醇类强，可杀死细菌、芽孢、真菌和病毒。常用的福尔马林（图 4－19），为含有 38%～40% 甲醛的水溶液。规模化鸡场常用戊二醛类消毒剂（图 4－20），地面消毒剂量按 1∶150 倍稀释。

（七）季铵盐类消毒剂

是一种阳离子表面活性剂，副作用小，无色、无臭、无

图 4－17　火碱（氢氧化钠）

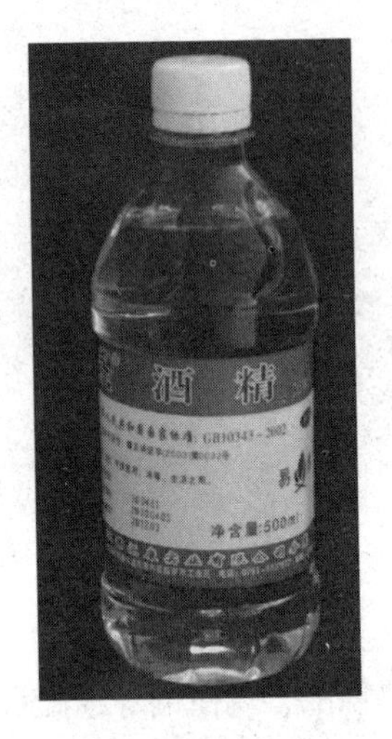

图 4－18　酒精

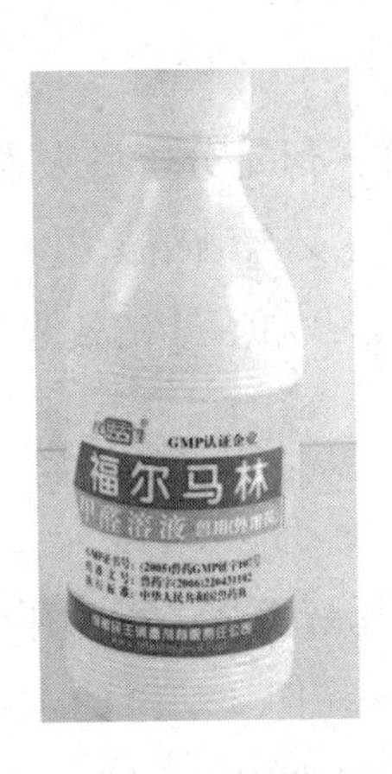

图 4－19　甲醛

图 4－20　戊二醛

刺激性、低毒安全。一种代表产品是新洁尔灭（图 4－21），也叫苯扎溴铵，耐加热加压，性质稳定，对金属、橡胶、塑料制品无腐蚀作用。0.1%溶液消毒手术器械、玻璃、搪瓷等，0.15% ~2% 溶液可用于鸡舍内空间的喷雾消毒。

另一种代表产品是百毒杀（图 4－22），为双链季铵盐类消毒剂，主要成分是含量 10% 的癸甲溴铵，能杀灭肉鸡的主要病原菌、有囊膜的病毒和部分虫卵，有除臭和清洁作用。常用 0.05% 溶液进行浸泡、洗涤、喷撒等消毒鸡舍、用具和环境。将 50% 溶液 1 毫升加入 10 ~20 升水中，可消毒饮水槽以及用饮水防治传染性疾病。

第二节　消毒制度化

严格执行消毒制度，杜绝一切传染来源，是确保鸡群健康的一项十分重要的措施。

一、空鸡舍的消毒

第一步先进行机械清扫，鸡全部出舍后，将舍内粪便、

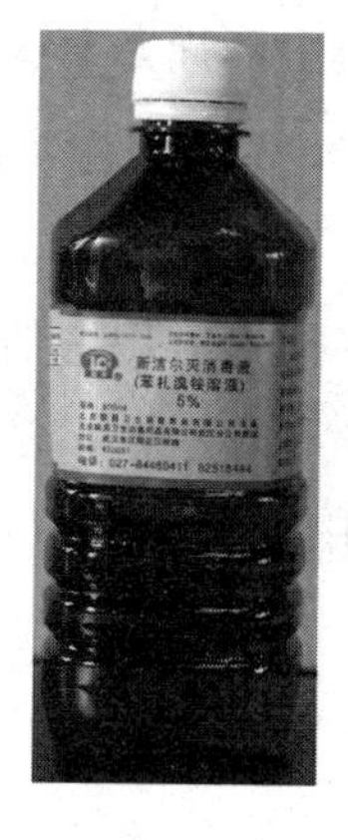

图 4－21　新洁尔灭消毒剂

图 4－22　百毒杀消毒剂

垫料、顶棚上的尘埃等全部清扫出鸡舍。空舍消毒必须在彻底清洗的基础上进行，否则是无效的用高压水枪冲洗鸡舍清除附着在墙壁、地面、笼子上的有机质，特别是地网，要用高压水枪冲洗，并用刷子刷洗干净；第二步用化学消毒液消毒，应选择广谱高效，对鸡的各种传染病，尤其是病毒性传染病的病原体有强大杀毒作用的消毒药。具体做法是：地面及1米以下的墙壁用2%～3%火碱刷洗，再用清水冲，干后用1∶50倍瑞雪畜牧养殖专用消毒剂放入喷雾器内对鸡舍从上至下喷雾消毒，使天棚、墙壁、地面及饲养用具喷湿；第三步于进鸡前5～7天进行福尔马林（甲醛）高锰酸钾熏蒸：福尔马林与高锰酸钾比例为2∶1。一般每立方米空间用25毫升福尔马林，12.5克高锰酸钾将门窗关严、密闭，24小时之后打开门窗通风换气。经过熏蒸消毒的育雏室要空置2～3天后才能进小鸡；第四步进鸡前1天用与上次不同并且无味消毒液再次消毒。

此外鸡舍外也要进行消毒，先把鸡舍四周杂草、鸡粪铲除。鸡只集中添埋或烧毁后，晴天用2%～3%烧碱水或20%生石灰水泼洒。饮水线也要全面消毒，将水管折卸下来，放出残余的水并用高压水枪冲洗，冲洗水箱等应用洗洁球或海绵擦洗，待全部擦洗干净后用1%～2%稀盐酸水溶液充满水线，浸泡24小时，放出浸泡液后冲洗干燥。

二、带鸡鸡舍的消毒

带鸡消毒能有效抑制舍内氨气的发生和降低氨气浓度；

可杀灭多种病原微生物，有效防止马立克氏病、法氏囊病、葡萄球菌病、大肠杆菌病以及鸡的各种呼吸道疾病的发生，创造良好的鸡舍环境。对保障鸡群健康起到重要作用，夏季还有防暑降温的作用。

（一）带鸡消毒的种类

1. 预防消毒

又称定期消毒，是为了预防传染病的发生，对畜禽圈舍、环境、用具、饮水等所进行的常规的、定期消毒工作，是预防畜禽传染病的重要措施之一。

2. 紧急消毒

在疫情发生期间，对畜禽场舍、排泄物、分泌物及污染的场所、用具等及时进行的消毒。其目的是为了消灭由传染源排泄在外界环境中的病原体，切断传染途径，防止传染病的扩散蔓延，把传染病控制在最小范围。

3. 终末消毒

发生传染病后，待全尸病禽处理完毕，即当全部病禽痊愈或最后一只病禽死亡后，经过二周再没有新的病所发生，在疫区解除封锁之前，为了消灭疫区内可能残留的病原体所进行的全面彻底的大消毒。

（二）带鸡消毒的时间

消毒时间一般在 7 日龄以后即可实施带鸡消毒，以后根据具体情况而定。一般在尚未发生疫病时的鸡舍预防性消毒一般每月 1 ~ 2 次。发生疫病时，鸡舍要进行临时消毒和终末消毒，一般每周 2 次，且浓度要稍大。

(三) 带鸡消毒前的鸡舍清洁

清洁环境为保证消毒效果，首先要彻底打扫鸡舍，清除鸡粪、羽毛、垫料、屋顶蜘蛛网及墙壁、地面、物品上的尘土。对于笼养鸡舍在彻底清扫后，可用清水冲刷鸡舍地面。水洗的目的是将残留在鸡舍内的污物冲洗出舍，以提高消毒效果。冲洗后的污水，应通过下水道或暗渠排至远处，不能排在鸡舍周围。

(四) 消毒药的选择

慎重选药。带鸡消毒对药品的要求比较严格，并非所有的消毒药都能用。选用消毒药的第一个原则是必须广谱、高效、强力，第二个原则是对金属和塑料制品的腐蚀性小，对人和鸡的吸入毒性、刺激性、皮肤吸收性小，无异臭，不会渗入或残留在肉和蛋中。

(五) 消毒方式

饮水消毒：饮水中经常含有大量的细菌和病毒，所以在鸡只饮用前要对饮用水进行净化或消毒处理。经常的做法是安装净化装置（图 4－23），这样可以起到对鸡只饮用水的净化。

喷雾消毒：规模化鸡场一般安装专用喷雾设备，雾滴直径小于 10 微米，可在空中停留 15～20 分钟，借助呼吸，雾滴可达鸡呼吸道深部，从而切断了经呼吸道传播疾病的途径。消毒剂种类要选用刺激小，杀菌力强的消毒剂，如百毒杀、卫可等。最好选用 2～3 种消毒剂交替使用，防止产生抗药性。

图 4-23　鸡舍内的净化装置

三、发生传染病后的消毒

发生传染病后，养殖场病原微生物大幅增加，疾病传播速度更加迅速，为了有效的控制传染病，需要及时消毒（表 4-2）。

表 4-2　发生疫情时启动的消毒程序

消毒地点	消毒剂及用量	消毒方式	消毒频率
场内道路、鸡舍周围	5% 氢氧化钠或 10% 石灰乳	喷撒	每日 1 次
鸡舍地面	15% 漂白粉	喷撒	每天 1 次
鸡舍用具	5% 氢氧化钠	喷撒	疫情期间全面消毒 1 次
出入人员	紫外线消毒	照射	出入时 3~5 分钟
其他程序：结合带鸡消毒，每天一次；粪便及时清除并进行消毒处理；疫情结束后，进行全面消毒 1~2 次			

四、人员和车辆消毒

（一）出入人员消毒

衣服、鞋子都可能是细菌和病毒传播的媒介，在养殖场的入口处，设置专职人员消毒、紫外线杀菌灯、脚踏消毒槽（池）（图4－24），对进出的人员实施照射消毒和脚踏消毒。人员进入生产区或生产车间前必须淋浴消毒（图4－25），换上生产区清洁服装后才能进入。外来人员进场，需经负责人批准，做好来访记录（图4－26），执行前述淋浴消毒措施后进入。必须带入的个人物品须经熏蒸后方可带入．在鸡舍的入口处，设置脚踏消毒池（图4－27），进出人员实施脚踏消毒。

（二）进出车辆消毒

运输饲料、鸡苗等车辆是养殖场经常出入的运输工具，这类物品由于面积大、所携带的病原微生物也多，因此对车辆更有必要进行全面的消毒。为此，养殖场门口要设置与门

图4－24　鸡舍入口的紫外灯和脚踏消毒

图4－25　脱衣换鞋工作间、员工淋浴工作间

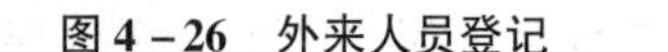

图4－26　外来人员登记

图4－27　脚踏消毒

同宽，长4米、深0.3米以上的消毒池（图4－28）、雨棚和喷雾消毒设施，消毒池要有足够的深度和宽度，至少能够浸没半个车轮，并且能在消毒池里面转过2圈，消毒池里面的消毒药要定期更换。

第三节　免疫接种

家禽免疫接种是预防和控制传染病的一项极其重要的措施。免疫接种就是用人工的方法把有效的生物制剂引入家禽体内，激发家禽产生特异性抵抗力。从而避免疫病的发生及

图 4－28　鸡舍门口消毒池

流行，意义重大，不可忽视。疫苗的质量好坏，操作方法的得当与否，会直接影响饲养的成功，直接关系到最终的经济效益。

疫苗是将病原微生物（如细菌、立克次氏体、病毒等）及其代谢产物，经过人工减毒、灭活或利用基因工程等方法制成的用于预防传染病的自动免疫制剂。当动物体接触到这种不具伤害力的病原微生物后，免疫系统便会产生一定的保护物质，如免疫激素、活性生理物质、特殊抗体等；当动物再次接触到这种病原菌时，动物体的免疫系统便会依循其原有的记忆，制造更多的保护物质来阻止病原菌的伤害。

一、疫苗的种类

（一）传统疫苗

传统疫苗是指用整个病原体例如病毒、衣原体等接种动物、鸡胚或组织培养生长后，收获处理而制备的生物制品；

细菌培养物制定的称为菌苗。传统疫苗在防治畜禽传染病中起到重要的作用。传统疫苗主要包括活疫苗、灭活疫苗、单价疫苗、多价疫苗等。

活疫苗是指将细菌或病毒在人工条件下促使其变异，失去致病性但保留免疫原性、繁衍能力和剩余毒力，接种后在体内有一定程度的繁殖或复制，类似一次轻型的自然感染过程，但不会导致发病。活疫苗包括温和型、中等毒力型和强毒型三种。强毒疫苗的毒力较强。是在饲养条件较好的情况下，利用强毒株病毒使全群动物感染，待康复后，就可产生良好的免疫力，但是，在无母源抗体时，无异于人工攻毒，所以，在生产上较少使用。通常说的强毒疫苗包括传喉苗和传染性法氏囊疫苗等。温和型疫苗毒力弱，接种后对靶器官没有损害，但接种后抗体上升较慢，抗体效价也相对较低；中等毒力疫苗，毒力中等，接种后对靶器官容易造成损害，特别是母源抗体较低时的雏鸡，通常法氏囊疫苗以使用中等毒疫苗为多（图 4－29）。

弱毒苗相对于强毒来说毒力就很低了，但仍保持原来的免疫性，并能在家禽体内一时性繁殖。弱毒疫苗有的是从自然界直接筛选的，有的是人工致弱的。目前应用的活疫苗主要是弱毒疫苗。

灭活疫苗是用化学药品将病原体灭活，使其失去致病性和繁殖能力，但仍保持免疫原性而制备的生物制品，这种疫苗又称死苗。为增强灭活苗的免疫效果，常在疫苗中加入佐剂。

佐剂能吸附抗原并在动物体内形成免疫贮存，从而提高

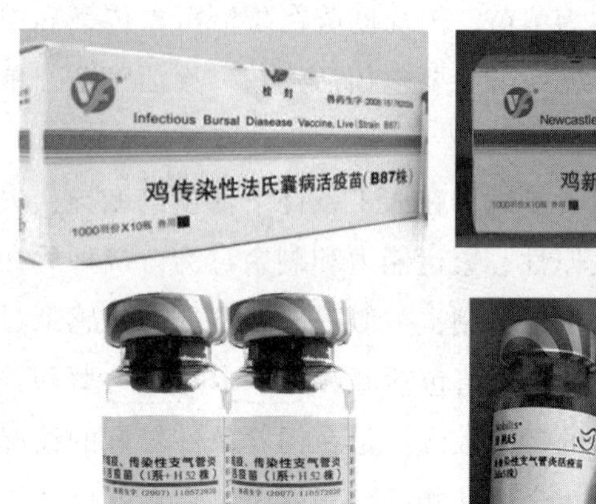

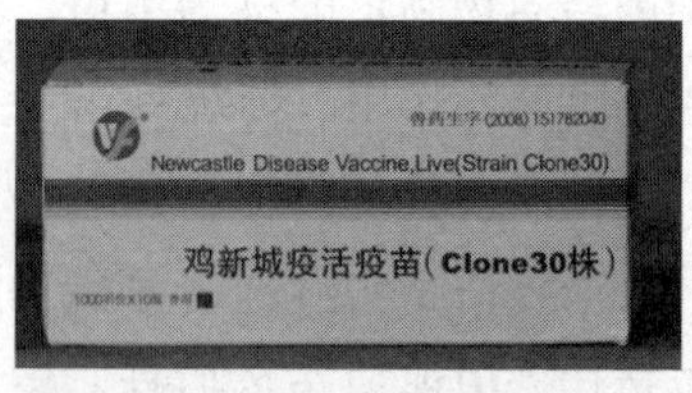

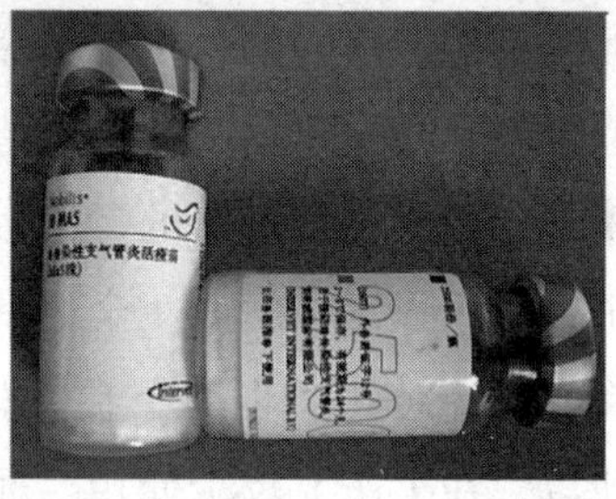

图 4－29　常见的各种活疫苗

疫苗免疫效果，如氢氧化铝、油乳剂等。佐剂吸附抗原缓慢而长时间地向机体细胞内释放，呈现对动物机体的持续刺激，进而诱发坚强而持久的免疫力。

某些佐剂本身还能动员免疫活性细胞促使抗体产生细胞的分化和增殖。根据佐剂的不同，灭活苗又可分为氢氧化铝苗（铝胶苗），油乳剂灭活苗（油苗）等类型。

弱毒苗和灭活苗是当代养禽业中最常用的两大类疫苗，各有优点和缺点。在生产中应根据具体情况选用。

弱毒苗，用量小，成本低，可用多种方法免疫，使用较方便，能刺激机体产生局部免疫和全身免疫、细胞免疫和体液免疫，缺点是：毒力不稳定时，有返祖现象，毒株可能不纯，存在残余毒力，可能有其他病毒污染，免疫力不持久，抗体水平不高，病毒间有干扰现象，影响免疫力，高温季节易失效，受体内抗体影响较大。

灭活疫苗非常安全，没有任何带毒的可能，稳定，不需冷冻，常温下也能保存较长时间，不受体内抗体、包括母源抗体的影响，多种苗间无干扰，可制成联苗，缺点是用量大，成本高，只能肌内或皮下注射，使用不方便，不引起局部免疫，导致细胞免疫作用弱（图4－30）。

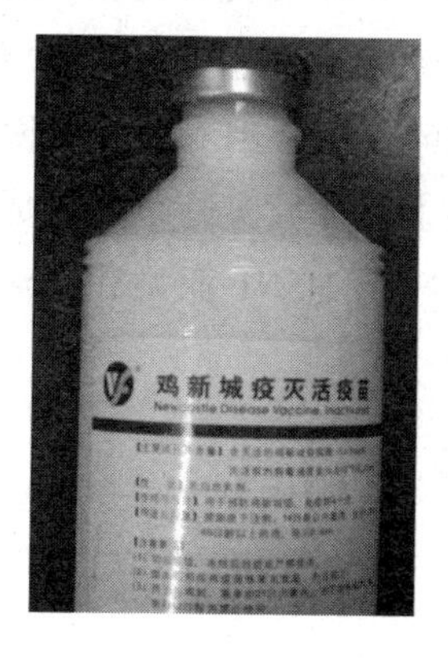

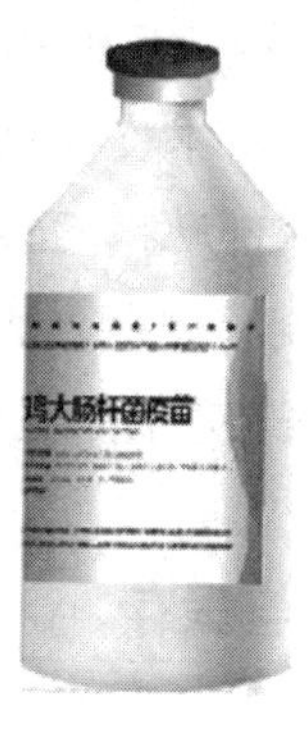

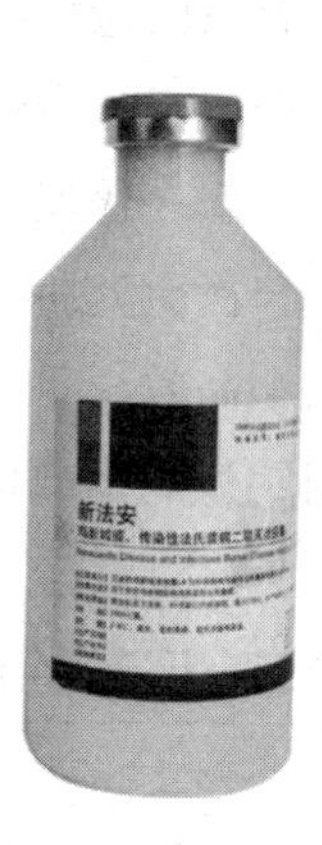

图4－30　常见的各种灭活疫苗

（二）多价苗和联苗

多价苗是将同一种细菌或病毒的不同血清型混合制成的疫苗叫多价苗，如多杀性巴氏杆菌多价苗、鸡马立克氏病HVI－SB1双价冻干苗等。

联苗是以几种不同微生物混合制成的疫苗。如鸡新城疫—传染性支气管炎—传染性法氏囊病灭活苗等。多价苗和联苗的优点在于仅用一针就可以同时预防几种病原或一种病的多个血清型，所以普遍受到生产场的欢迎。其缺点是：免疫剂量大，不同抗原间有干扰。

（三）新型疫苗

亚单位疫苗是指提取病原体的免疫原部分制成的疫苗，因而也只能是一种灭活苗。这类疫苗不是完整的病原体，是病原体的一部分物质，故称亚单位疫苗。

基因工程疫苗是指使用DNA重组生物技术，把天然的或人工合成的遗传物质定向插入细菌、酵母菌或哺乳动物细胞中，使之充分表达，经纯化后而制得的疫苗。基因工程疫苗则属于新一代疫苗或高技术疫苗范畴。由中国农业科学院哈尔滨兽医研究所的农业部动物流感重点开放实验室研制成功的新型高效、重组禽流感病毒灭活疫苗H5N1亚型和禽流感重组鸡痘病毒载体活疫苗就属于这一类。

二、疫苗的选择与保存

（一）疫苗选择

疫苗的种类很多，其适用范围和优缺点各异，不可乱用和滥用。应根据当地疫病流行种类、流行程度、鸡群日龄大小及是否强化接种来确定疫苗的选择。对于已有该病流行或威胁的地区，应根据疾病流行情况的严重程度，选择不同类型的疫苗。疾病较轻的，可选择比较温和的疫苗；疾病严重流行的地区，则可以选择效力较强的疫苗类型。对于从未发生过的疾病，不要轻易引入疫苗。另外，选择疫苗时，还应该考虑家禽接种该疫苗后会不会有不良反应，比如会造成肉种鸡产蛋期产蛋量下降。当鸡群处于疾病状态时，还应该考虑提前用抗应激的药物，使鸡群的应激最少。

（二）疫苗检查与保存

各种疫苗在使用前和使用过程中，都必须按说明书上规定的条件保存。疫苗离开规定环境会很快失效，因此，应随用随取，尽可能地缩短疫苗使用时间。

1. 疫苗检查

拿到疫苗后首先观察疫苗封口有无破损、保质期是否到期、疫苗的名称以及疫苗的保存方法。同时注意检查疫苗外观质量，接种前应仔细检查疫苗，凡是发现疫苗瓶破损、瓶盖或瓶塞有松动、无标签、超过保质期、色泽改变、出现沉淀等一律不得使用。

2. 疫苗保存

根据不同类型的疫苗选择不同的保存设备，如冷藏箱、冰箱、液氮罐等，按要求将疫苗保存在适宜的温度条件下。

常用的鸡新城疫Ⅰ系疫苗、鸡新城疫Ⅱ系弱毒疫苗、鸡新城疫Ⅲ系疫苗等，这些疫苗都是活的弱毒疫苗，一定要低温保存，避免高温和阳光照射。

常用的菌苗有禽霍乱氢氧化铝菌苗、传染性鼻炎苗、大肠杆菌苗等。它们最适宜的保存温度为2～14℃。因此，运输和保存不同的鸡疫苗的温度应有区别，应根据疫苗对温度的具体要求进行存放。另外，有些疫苗保存要求条件比较苛刻，如马立克疫苗要求保存在液氮中才行（图4－31）。

3. 疫苗的运输

根据气温情况和运输疫苗的数量准备运输工具，如保温瓶、保温箱、冷藏车等。运输时间越长，疫苗的病菌（或细菌）死亡越多。运输过程如中途转运多次，则影响更大。

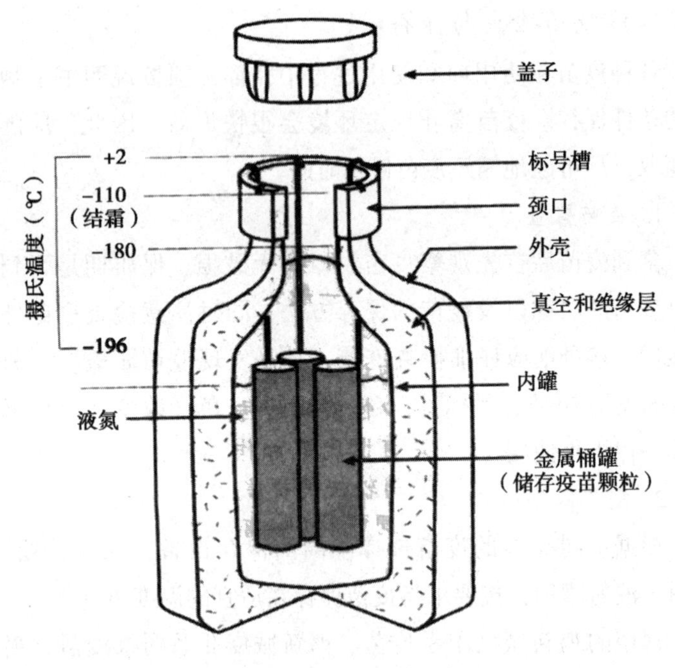

图 4－31　液氮罐示意图

4. 疫苗使用的时效性

疫苗要在规定的时间内用完。使用饮水法免疫时，要确保家禽在 1 小时之内将疫苗稀释液饮完。使用注射法免疫时，在温度为 15～25℃时，必须 6 小时之内用完；25℃以上时，必须 4 小时之内用完。灭活苗开封 24 小时后禁止使用。

三、免疫方法

（一）点眼滴鼻法

多用于雏鸡，尤其是雏鸡的初免。点眼接种通过眼内流入泪管，这种方法接种量比较均匀；滴鼻接种通过鼻孔流进喉头，进而进入呼吸道，该免疫方法可能会导致疫苗被雏鸡从鼻孔呼出，使达到呼吸道的疫苗量减少，现在多采用滴鼻点眼并用，即在滴鼻时同时点眼。具体做法是：按照比例将疫苗用一定量的生理盐水稀释，摇匀后用滴管（眼药水瓶也可）在鸡的眼、鼻孔各滴一滴（约 0.05 毫升），让疫苗液体进入鸡气管或渗入眼中（见图 4－32）。注意固定雏鸡的手食指堵上另一侧鼻孔，以利疫苗吸入，点眼要待疫苗扩散后才能放开鸡只。点眼时，握住鸡的头部，面朝上，将一滴疫苗滴入面朝上一侧的眼皮内，不能让其流泪。

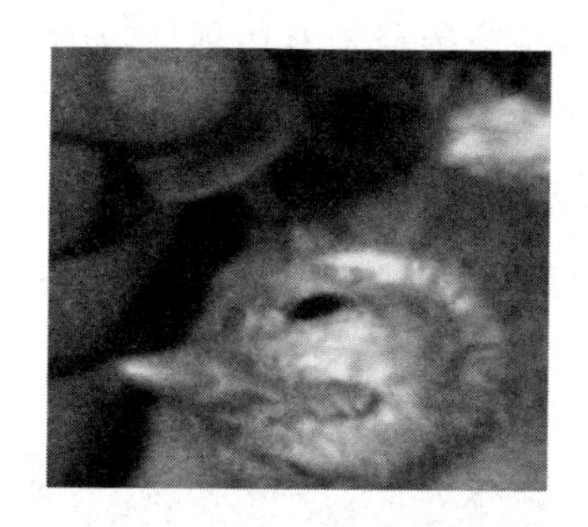
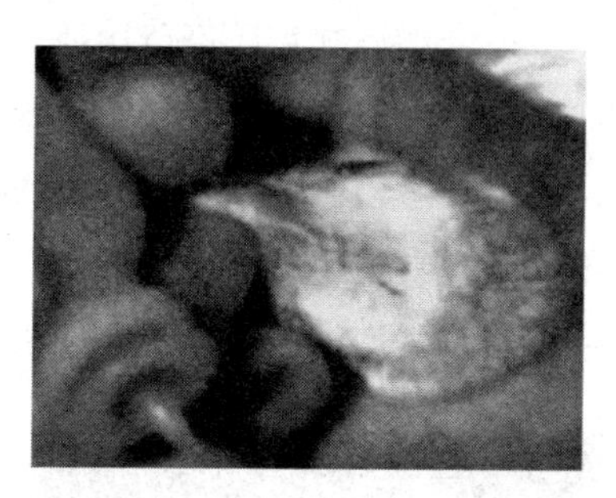

图 4－32　点眼（左）、滴鼻（右）

（二）注射法

灭活疫苗（包括亚单位疫苗）、蹼足类家禽疫苗和其他一些个别疫苗需要用注射法进行免疫接种。根据疫苗注入的组织不同，又有皮下注射法、肌内注射法之分。

1. 肌内注射法

按照疫苗规定用量，用连续注射器在鸡腿、胸或翅膀肌内注射（见图 4－33）。注射器、针头应洗净煮沸 10～15 分钟

备用，注射器刻度清晰，不滑杆、不漏液，针头最好每羽换一个。给家禽注射过疫苗的针头，不得再插入疫苗瓶内抽吸疫苗，可用一个灭菌针头，插入瓶塞后固定在疫苗瓶上专供吸疫苗用，每次吸疫苗后针孔用挤干的酒精棉花包裹。接种部位以3%碘酊消毒为宜，以免影响疫苗活性。根据肉鸡的大小选择针头型号与注射部位，注射部位要避开大血管、神经，选择肌肉发达处，应斜向前入针，进针方向要与肌肉呈15°~30°角；注射时进针要稳，拔针不宜太快，保证足量的疫苗注射到动物体内；注射顺序是健康鸡群先注射，弱鸡最后注射。

2. 皮下注射法

适合鸡马立克氏疫苗接种。将疫苗稀释于专用稀释液中，注射时，在鸡颈部后段（靠翅膀）捏起皮肤，刺入皮下注射（见图4-34）。其缺点是工作量大，应激严重，若注射部位不准确，易产生肿头、肿腿等，有时还容易给家禽留下后遗症，影响生产性能。

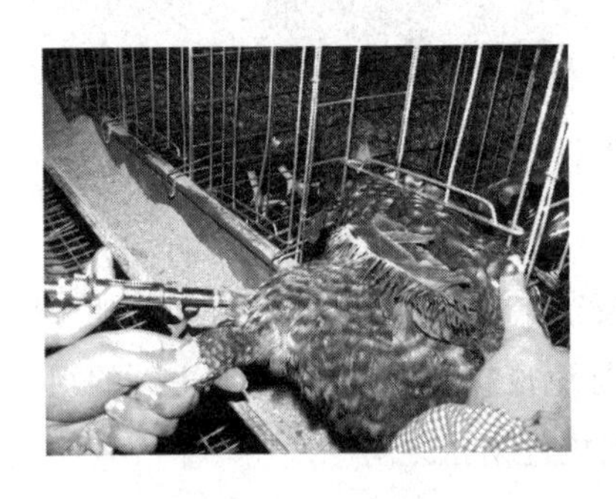

图4-33　肌内注射

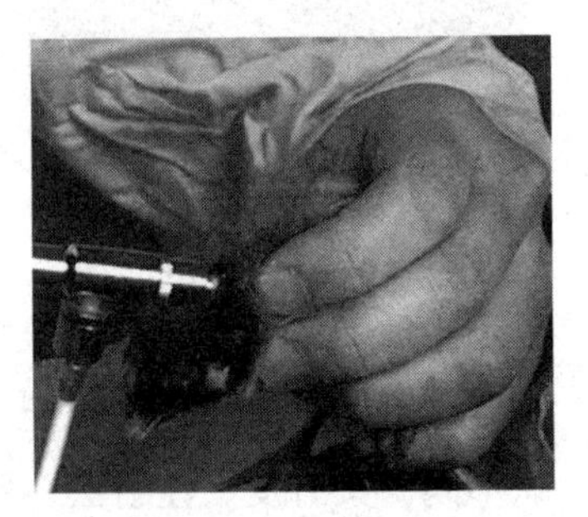

图4-34　皮下注射

3. 翅膀内刺种法

这种方法常在鸡翅膀内侧皮下刺种，那里羽毛稀少，血管较少。经常用于鸡痘接种，具体做法是：将1 000只剂量的疫苗，用25毫升生理盐水稀释，充分摇匀，用接种针蘸取疫苗，刺种于鸡翅内侧三角翅膜区，注意避开血管。雏鸡刺一针，成年鸡刺两针（见图4－35）。接种后一周左右，可见刺种部位的皮肤上产生绿豆大小的小包，以后逐渐干燥结痂脱落。若接种部位不发生这种反应，表明接种不成功，应重新接种。刺种免疫，剂量准确，效果确实，能快速产生免疫保护。就是耗费劳力较多，对鸡群应激较大。

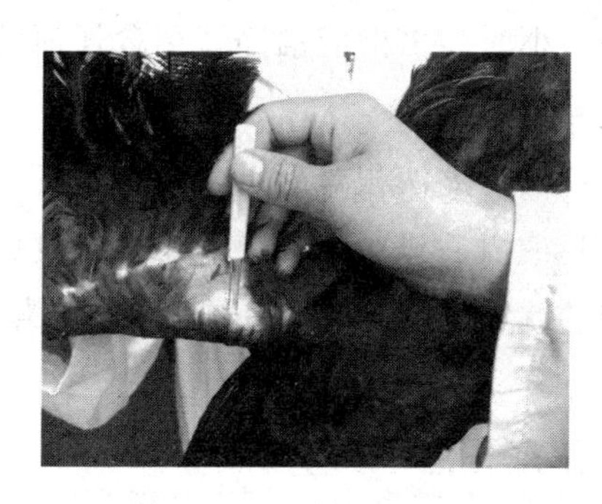

图4－35　翅膀内刺种

4. 饮水免疫法

该方法不仅对家禽的呼吸道，而且对鸡的盲肠扁桃体、肠淋巴结、脾脏和全身都能刺激诱导产生免疫应答。目前，采用饮水免疫的疫苗主要有鸡新城疫Ⅱ、Ⅲ、Ⅳ系弱毒苗，传染性支气管炎H52和H120弱毒疫苗，传染性法氏囊炎中等毒力和弱毒疫苗，禽脑脊髓炎疫苗等。具体做法是：将疫苗按要求稀释后，加入到适量的饮水中，通过鸡的饮水而使疫苗进入机体，如新城疫弱毒疫苗的免疫等。此方法虽对疫苗浪费较大，但节省人力，对鸡惊扰小，缺点是免疫后抗体

水平低，易受多种因素影响。饮水免疫注意以下几点。

稀释方法：一般用凉开水、蒸馏水或生理盐水进行稀释，准确计算所用溶剂的质量或体积，先用少量溶剂低倍稀释，待溶解后再用溶剂稀释到要求浓度。

提前断水：为了让鸡在较短时间内饮完疫苗，在饮水免疫前要对鸡进行断水，断水时间一般为 2 小时左右。

饮水要求：饮水免疫时水槽不宜过多，也不宜过少，应以每只鸡都可同时饮到水为宜，一般以半小时以内饮完，最长不要超过一个小时。水槽应洁净，不含任何消毒剂，水的深度以淹没鸡鼻孔为宜。

免疫时机：因为此法很难保证免疫的整齐度，所以饮水免疫一般在二免或以后进行；不要随意混合疫苗或在一天内进行两种疫苗的饮水免疫，免疫间隔时间最短为 2 ~3 天。

四、参考免疫程序

肉鸡生长周期相对较短、饲养密度大，一旦发病很难控制，即使治愈，损失也比较大，并影响产品质量。因此，制定科学的免疫程序，是搞好疾病防疫的一个非常重要的环节。制定免疫程序应该根据本地区、本鸡场、该季节疾病的流行情况和鸡群状况、疫苗特性，每个肉鸡场都要制定适合本场的免疫程序。具体免疫程序可以参考表 4 –3。

表4－3　饲养42日龄肉鸡推荐免疫程序

日龄（天）	疫苗种类	免疫途径	免疫剂量
5～7	新城疫—传支二联冻干苗	滴鼻、点眼	1.5头份/只
	新城疫—禽流感二联灭活苗	颈部皮下注射	0.3毫升/只
13～15	传染性法氏囊冻干苗（中等以上毒力）	饮水	1.5头份/只
19～21	新城疫冻干苗	饮水	2～3头份/只

五、紧急接种

当确信已经发生疫病时，为了控制和扑灭病原防止其传播，首先根据外在表现采取相应药物治疗；同时，紧急接种也可有效防治疫病的蔓延。对受威胁但没有感染的鸡群，可正常免疫；但对于已经发病的鸡群应在兽医指导下按照治疗剂量免疫。必须提醒的是，紧急接种也是对鸡只的一种应激，可能会使鸡只发病数和死亡增加，但是，有助于疫情的迅速控制，使大批鸡群受到保护。

第四节　其他生物安全措施

标准化肉鸡场要坚持全进全出的饲养制度，鸡场内不得饲养其他禽类，日常操作中要严格执行生物安全制度。

生物安全制度是指把引起传染性疾病的病原微生物、寄生虫和害虫等排除在养鸡场之外的技术措施。包括防止有害生物进入和感染鸡群所应采取的一切措施。生物安全是针对传染病传播的三大要素分别采取的技术措施（图4－36）。

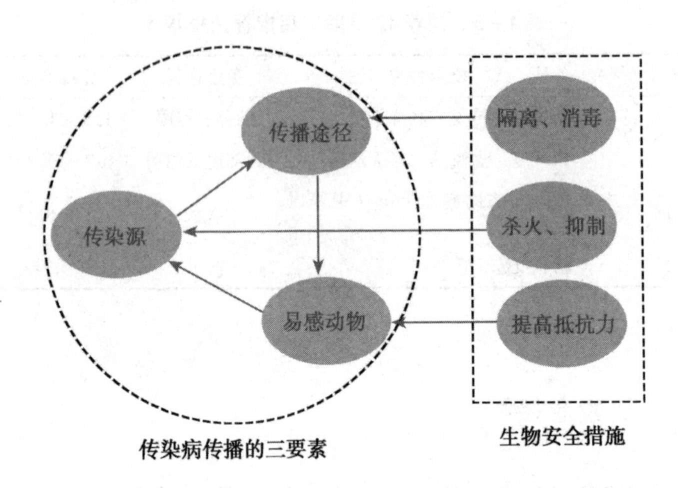

图 4-36　生物安全与传染病传播的三要素模式图

一、生物安全隔离

生物安全隔离是防止病原微生物进入鸡场的第一道防线，在鸡场内外配备一定的防护设施来控制病原微生物进入鸡场，即切断病原微生物的传播途径，也就是"隔离"。生物安全隔离措施包括鸡场选址和布局（见第二章），鸡场的绿化（图 4-37），以及鸡场各级消毒配套设施等。

鸡场周围用隔离墙等（图 4-38）把整个鸡场包围起来，鸡场外可建防疫沟，使鸡场形成一个相对独立的系统，有利于消毒和防疫。

图 4 – 37　鸡场绿化

图 4 – 38　鸡场边沿有围墙

二、场区卫生与消毒

场区要定期清洗消毒，不留死角。一般一周消毒两次。消毒人员进行消毒作业时，必须做好必要的防护措施，防止对身体造成伤害（图 4 – 39）。

图 4 – 39　鸡场内定期消毒

三、驱虫与灭害

大生物害虫就是肉眼可见的、能对畜禽安全生产带来隐患的生物。畜禽养殖场内不要饲养宠物，比如鸟、狗、猫等，

并且要远离周围散养的或野生的动物，最好用墙壁、栅栏、塑料网等进行隔离。

●（一）杀虫●

在养殖场中，害虫的大量存在带来较大的危害。害虫可以直接传播疾病、污染环境。某些蜘蛛、昆虫，如鸡刺皮螨、鸡虱等，均是禽类常见的外寄生虫，既直接危害家禽，又可传播疫病；而另一些昆虫，如蚊、蝇常在疫病传播中起重要的媒介作用。

保持环境清洁、干燥是减少或杀灭蚊、蝇等昆虫的基本措施。具体的杀虫方法有多种，如物理性的、化学性的和生物学的等。物理方法主要是利用机械以及光、声、电等物理方法，捕杀、诱杀或驱逐蝇蚊。化学杀灭是使用天然或合成的毒物，以不同的剂型，通过不同途径，毒杀或驱逐昆虫。化学杀虫法具有使用方便、见效快等优点，是当前杀灭蚊蝇等害虫的较好方法。生物学杀虫是利用天敌杀灭害虫，如池塘养鱼即可达到鱼类治蚊的目的。

●（二）灭鼠●

鼠的主要危害在于鼠是许多疾病的储存宿主，通过排泄物污染、机械携带及直接咬伤畜禽的方式，可传播多种疾病。它们不但携带病菌，而且会到处打洞，可能还会咬坏电线、电缆等，偷吃饲料污染环境。要从畜舍建筑和卫生措施方面着手，预防鼠类的滋生和活动，断绝鼠类生存所需的食物和藏身条件。

养殖场的内外地面最好用混凝土打造坚实，可有效防止老鼠打洞。要注意观察老鼠留下的痕迹和老鼠的粪便，有

80%的老鼠是经过门进入房内的，要注意及时关好门。做好卫生工作，将物品摆放整齐，少往场内带杂物，尤其是舍外墙边不能堆放杂物。食品、水、蔬菜等都要放在安全位置，最好架空物体，这样容易观察，不给老鼠留下容身之地。养禽场鼠害的控制应采取综合防治措施，如建筑物要有防护设施；发生鼠害时要采取有效的捕杀措施，如包括应用器械、天敌、微生物、化学药品等的捕杀方法。

保持鸡舍四周清洁无杂物，定期喷撒杀虫剂消灭昆虫。在老鼠洞和其出没的地方投放毒鼠药消灭老鼠。定期清扫鸡粪，清出的鸡粪在发酵池内堆积发酵。

（三）控制飞鸟

不少飞鸟对多种家禽传染病的病毒和细菌具有易感性，从而成为疾病的传染源；还有些飞鸟可以起机械传播病菌的作用；有些鸟类自身带有寄生虫。因此，对于飞鸟的控制是养殖场防止疫病的一项重要工作。

畜禽养殖场内最好不要栽种高大的树木，树木会招来鸟类的栖息，对其他的一些害虫也有庇护作用，可能会成为生物安全体系构建的威胁；对鸟类要做好防护措施，进出鸡舍时及时关门，进风口和水帘处用网子罩住，防止鸟类在里面做巢。鸟类进入鸡舍后可能会使鸡群受到惊吓而引起应激，应该尽快将其慢慢驱赶出舍。

四、全进全出饲养制度

全进全出即指在一栋鸡舍内饲养同一批同一日龄的肉鸡，

全部雏鸡都在同一条件下饲养，又在同一天出栏，出栏后进行鸡舍及其设备的全面消毒和空舍，切断疫病循环感染的途径。

全进全出的意义主要有：便于防疫，减少交叉感染。由于饲养的肉鸡日龄相同，免疫一致，出口入口相同，且有一定的空栏期，可避免病原从大鸡传给小鸡、上一批鸡传给下一批鸡，交叉感染的机会大大减少。一旦发生某种传染病，可利用空栏期进行净化，所需时间较短。

便于规划鸡舍，降低投资成本。在不同区域内建造相对密集的鸡舍，会使饲养风险明显增大。如果将各鸡舍间距加大，投资成本又明显加大。所以可以集中到一个区域，统一规划鸡舍，合理利用土地资源，降低投入成本。

便于管理，提高效率。由于鸡群日龄相近，便于集中实施防疫计划、饲料运输、技术指导和销售，工作效率可大大提高。

全进全出应注意的问题：养殖场区内肉鸡品种的上市日龄最好相近，场区与场区间间距至少500米以上。一个养殖场区内若鸡舍太多，饲养量过大，会给生产的管理运作带来不便，一般一个场区一年上市不超过20万只鸡。

第五节　常见疫病防治

一、禽流感

(一) 流行特点

禽流感病毒（AIV）宿主范围广泛，包括家禽、水禽、野禽、迁徙鸟类和哺乳动物（人、猫、水貂、猪等）等均可感染。以直接接触传播为主，被患禽污染的环境、饲料和用具均为重要的传染源。

（二）临床症状

AIV 感染可导致鸡群的突然发病和迅速死亡。鸡冠和肉垂水肿，发绀，边缘出现紫黑色坏死斑点（图 4－40）。腿部鳞片出血严重（图 4－41）。

图 4－40　鸡冠和肉垂水肿，发绀，边缘紫黑色

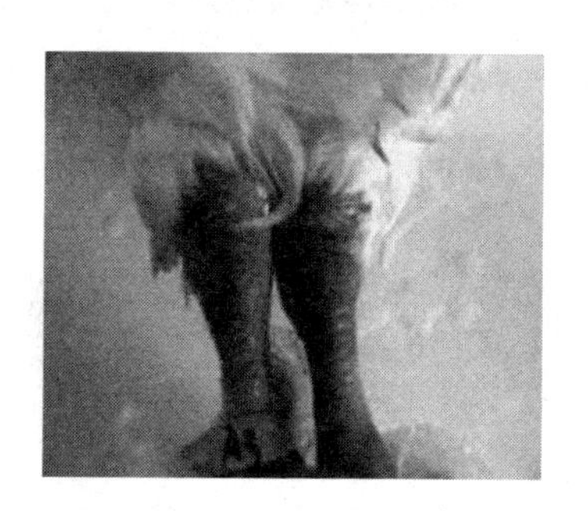

图 4－41　腿部鳞片出血

（三）病理变化

急性死亡鸡体况良好。呼吸道、消化道病变，气管充血、出血（图 4－42）；腺胃乳头出血，腺胃与食道交接处有带状出血（图 4－43）；胰腺出血、坏死（图 4－44）；十二指肠及小肠黏膜有片状或条状出血；盲肠扁桃体肿胀、出血；泄殖腔严重出血；肝脏肿大、出血（图 4－45）。

（四）防治措施

免疫接种是目前我国普遍采用的禽流感预防的强有力措施。必须建立完善的生物安全措施，严防禽流感的传入。高

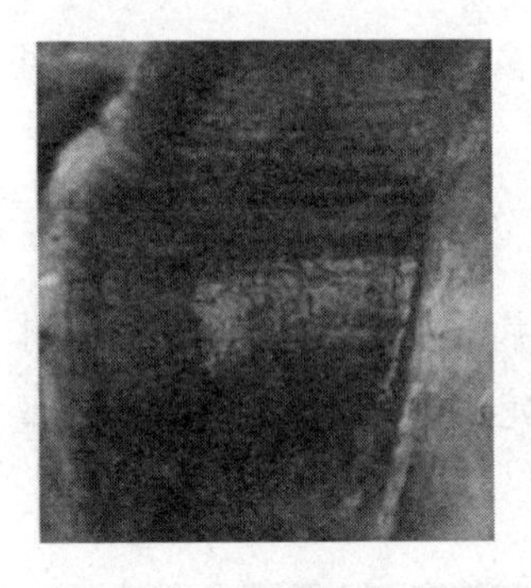

图 4－42　气管充血、出血

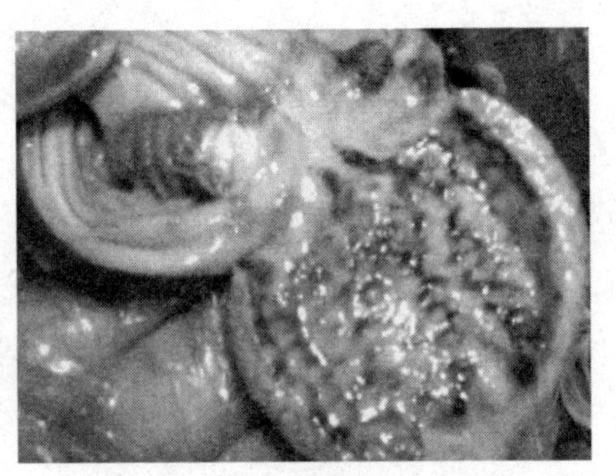

图 4－43　腺胃乳头出血

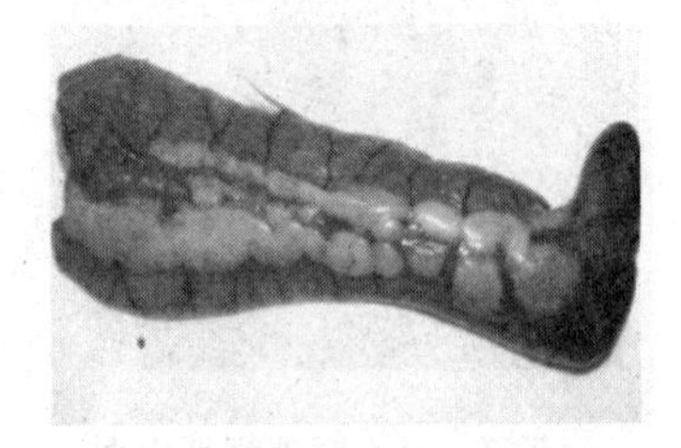

图 4－44　胰腺出血，肠道出血

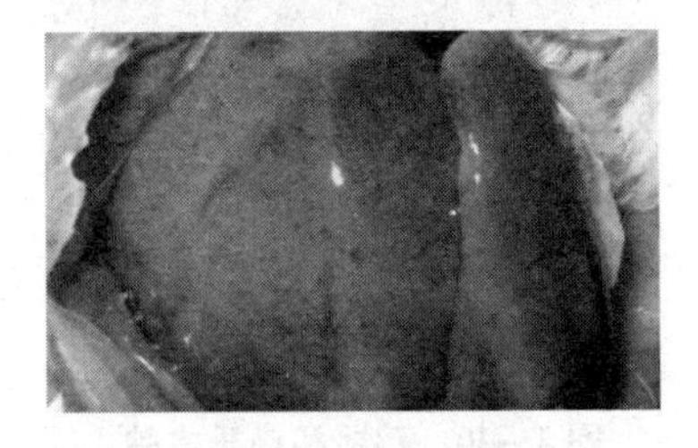

图 4－45　肝脏出血点

致病性禽流感一旦暴发，应严格采取扑杀措施。封锁疫区，严格消毒。低致病性禽流感可采取隔离、消毒与治疗相结合的治疗措施。一般用清热解毒、止咳平喘的中药如大青叶、清瘟散、板蓝根等，抗病毒药物如病毒灵、金刚烷胺等对症治疗。此外，可以使用抗生素以防止细菌继发感染。

二、新城疫

（一）流行特点

新城疫病毒（NDV）的宿主范围很广，鸡、火鸡、珍珠鸡及野鸡都有较高的易感性。病鸡和隐性感染鸡是主要传染源，可通过呼吸道和直接接触两种方式传播。

（二）临床症状

最急性型新城疫多见于该病流行初期和雏鸡。病鸡体温高达43～44℃，精神不振，卧地或呆立（图4－46）；食欲减退或废绝；粪便稀薄，呈黄白色或黄绿色（图4－47）；部分病鸡出现神经症状，表现站立不稳、扭颈、转圈、腿翅麻痹。

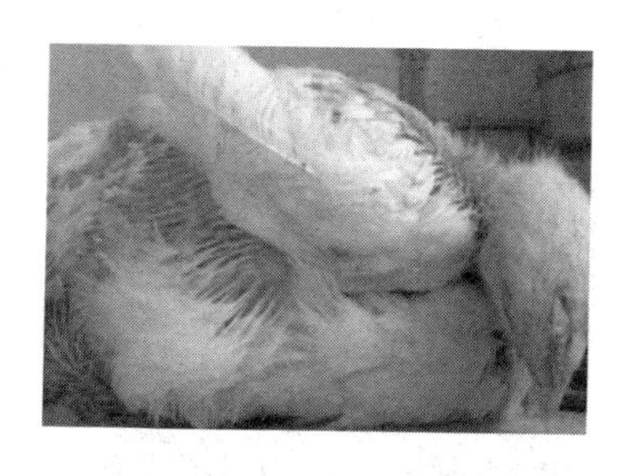

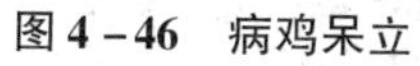
图4－46　病鸡呆立

图4－47　绿色粪便

非典型新城疫临床表现以呼吸道症状为主，口流黏液，排黄绿色稀粪，继而出现歪头，扭脖或呈仰面观星状等神经症状（图4－48），临床表现为轻微的呼吸道症状，排黄绿色稀粪。

（三）病理变化

急性型ND病鸡全身黏膜和浆膜出血，气管黏膜有明显的充血出血（图4－49），食道和腺胃交界处常有出血带或出血斑、点，腺胃黏膜水肿、乳头及乳头间有出血点（图4－50），肠道黏膜密布针尖大小的出血点，肠淋巴滤泡肿胀，常突出于黏膜表面（图4－51），盲肠扁桃体肿大、出血、坏死

图 4－48　神经症状

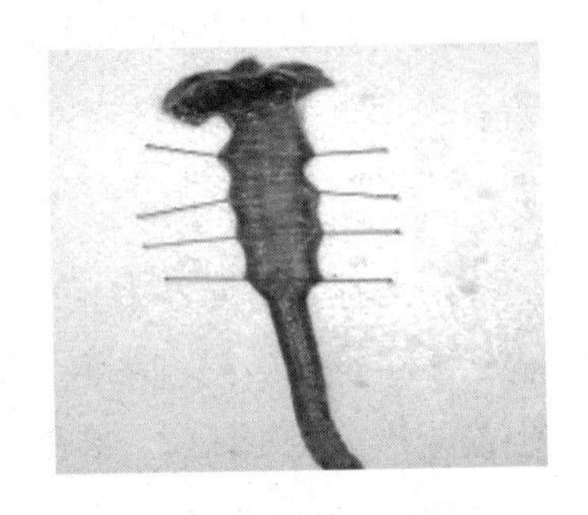

图 4－49　气管环出血

(图 4－52)，直肠和泄殖腔黏膜充血、条状出血。

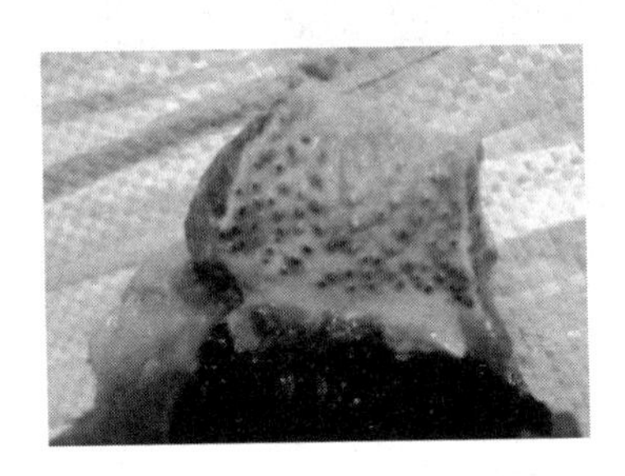

图 4－50　腺胃乳头出血

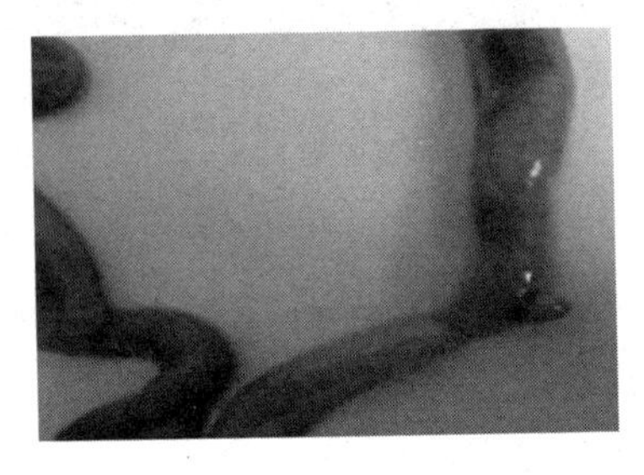

图 4－51　肠淋巴滤泡出血肿胀

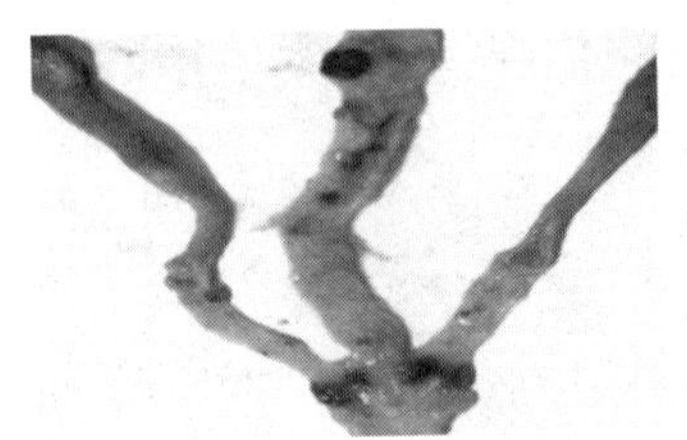

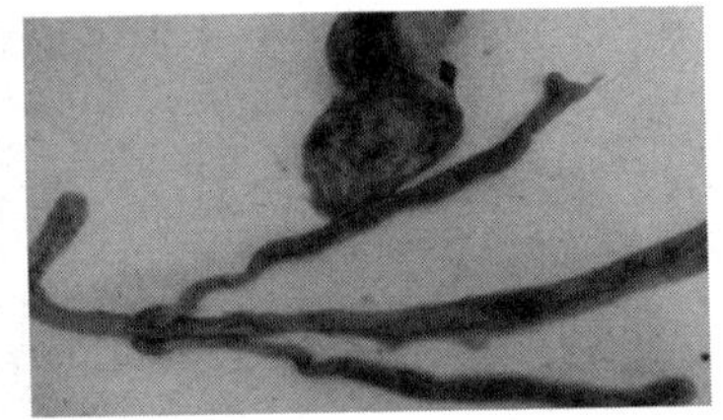

图 4－52　盲肠扁桃体肿大坏死

(四) 防治措施

加强养殖场的隔离消毒和做好鸡群的免疫接种是预防该

病的有效措施。一旦发生 ND 疫情，对病死鸡深埋，环境消毒，防止疫情扩散。同时对周围鸡群进行紧急疫苗接种。雏鸡可用新城疫 IV 系或克隆 30 疫苗，4 倍量饮水；中雏以上可以肌注新城疫 I 系疫苗或 IV 系或克隆 30 疫苗，4 倍量饮水。

三、传染性支气管炎

（一）流行特点

传染性支气管炎（IB）仅感染鸡，其他家禽不感染。IB 分呼吸型、肾型、肠型等不同的临床表现。其中，2～6 周龄的鸡最易感染肾型 IB，成鸡很少感染肾型 IB。病鸡是主要的传染源。

（二）临床症状

肉仔鸡感染 IBV 后，主要表现为呼吸困难，有啰音或喘鸣音；感染肾型 IBV 时，病鸡排白色稀粪，脱水严重（图 4－53）。常导致高达 30% 的死亡率。

（三）病理变化

呼吸型 IB 的主要病理变化表现为气管环黏膜充血，表面有浆液性或干酪样分泌物，有时可见气管下段有黄白色痰状栓子堵塞（图 4－54）。肾型 IB 的病理变化主要集中在肾脏，表现为双肾肿大、苍白，肾小管因聚集尿酸盐使肾脏呈槟榔样花斑（图 4－55）；两侧输尿管因沉积尿酸盐而变的明显扩张增粗。

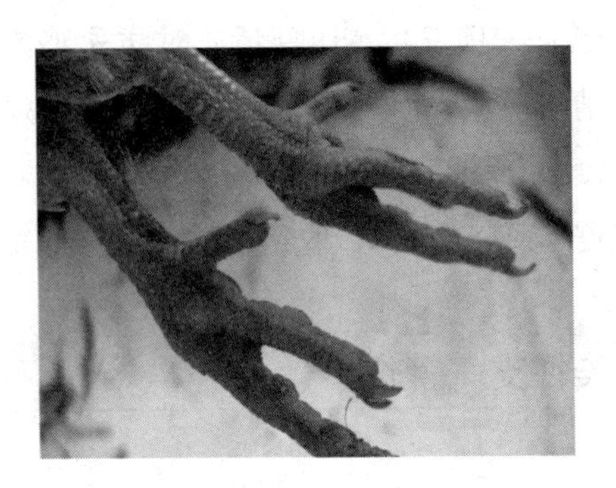

图 4－53　脱水，爪干瘪

图 4－54　气管下段有黄白色痰状栓子

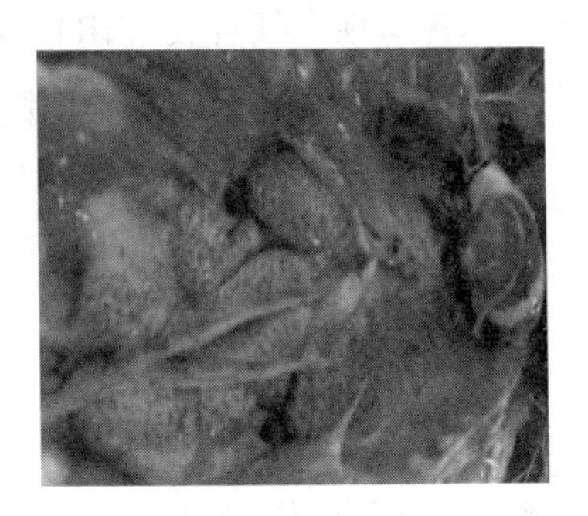

图 4－55　花斑肾

（四）防治措施

加强饲养管理，定期消毒，严格防疫，免疫接种。对于已发病的鸡场要将病鸡隔离，病死鸡及时无害化处理，加强饲养管理和卫生消毒，减少应激因素。对肾型 IB，可给予乌洛托品、复合无机盐、及含有柠檬酸盐或碳酸氢盐的复方药物。

四、传染性法氏囊病

（一）流行特点

传染性法氏囊病（IBD）主要侵害2～10周龄的幼龄鸡群。病鸡是主要的传染源。IBD可通过直接接触IBDV污染物，经消化道传播。

（二）临床症状

病鸡主要表现精神不振，翅膀下垂，羽毛蓬乱（图4－56）；怕冷，在热源处扎堆，采食下降；病鸡排白色的水样粪便，肛门周围有粪便污染；发病后3～4天达到死亡高峰，呈峰式死亡，发病一周后，病死鸡数明显减少。

（三）病理变化

病死鸡脱水，胸肌和腿肌有条状或斑状出血（图4－57）；肌胃与腺胃交界处有溃疡和出血斑（图4－58），肠黏膜出血；肾肿大、苍白（图4－59）。

输尿管扩胀，充满白色尿酸盐。感染初期，眼观法氏囊充血、肿大，比正常大2～3倍，外被黄色透明的胶冻物（图4－60）；内褶肿胀、出血，内有炎性分泌物（图4－61）。

（四）防治措施

加强饲养管理，实行全进全出的饲养制度，建立严格的卫生消毒措施。做好免疫接种，增强机体特异性的抵抗力。

必要时对发病鸡群进行鸡新城疫的紧急接种，以防继发新城疫。治疗方案：一种是注射卵黄抗体，应在发病中早期

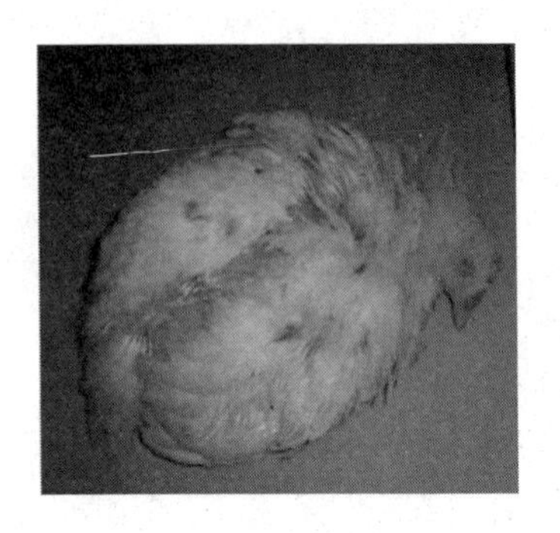

图 4－56　病鸡精神沉郁、羽毛蓬松

图 4－57　病鸡腿部肌肉出血

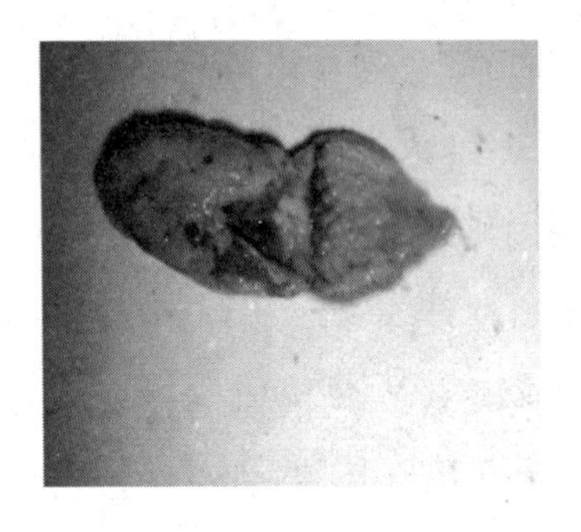

图 4－58　肌胃、腺胃交界处出血

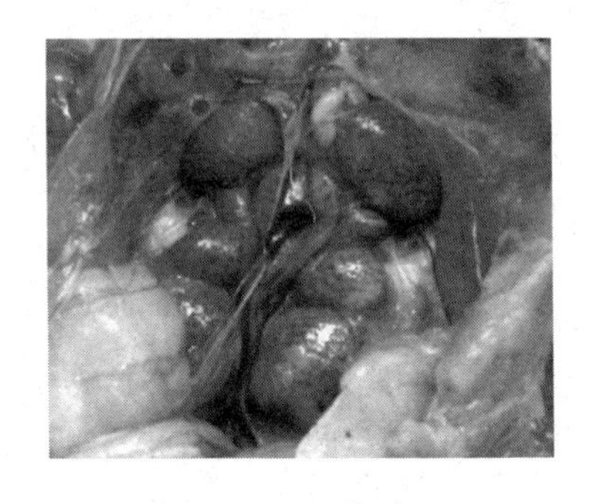

图 4－59　肾脏肿大，尿酸盐沉积

使用。另一种是保守治疗法：提高鸡舍温度 2～3℃；避免各种应激反应；使用抗菌素防止细菌的继发感染。

五、大肠杆菌病

（一）流行特点

多发生于雏鸡，3～6 周龄内的雏鸡易感较高。传播方式

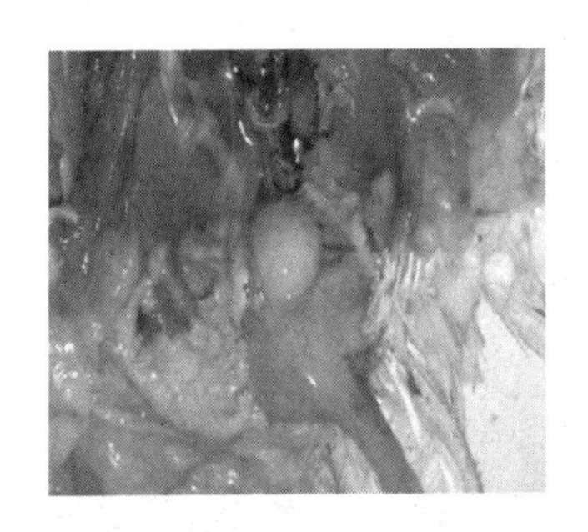

图 4-60　法氏囊水肿、出血

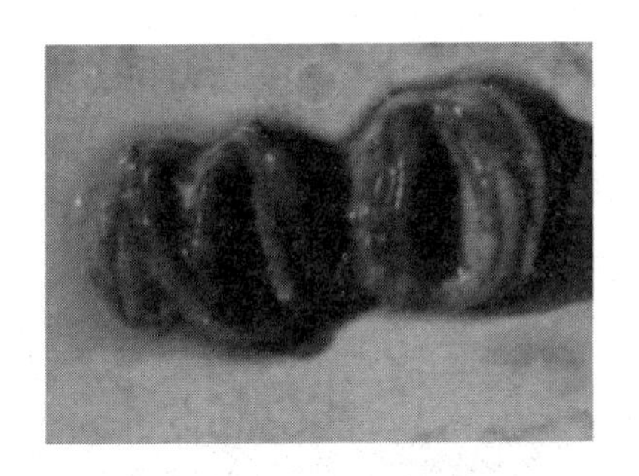

图 4-61　内褶肿胀、出血

有垂直传播和水平传播两种。饲养管理不当以及各种应激因素均可促进该病发生。

（二）临床症状与病理变化

可以多种形式发病。

脐炎：病雏虚弱打堆，水样腹泻，腹部膨大，脐孔及其周围皮肤发红、水肿（图 4-62），脐孔闭合不全呈蓝黑色，有刺激性恶臭味，死亡率达 10% 以上。

败血症：多在 3～7 周龄的肉鸡中发生，死亡率通常为 1%～10%，病鸡离群呆立或挤堆，羽毛无光泽，排黄白色稀粪，肛门污秽（图 4-63），病程 1～3 天。

气囊炎：一般表现有明显的呼吸音，咳嗽和呼吸困难并发异常音。病理变化为胸、腹等气囊壁增厚不透明，灰黄色（图 4-64），囊腔内有数量不等的纤维性或干酪样渗出物。

心包炎：大肠杆菌发生败血症时发生心包炎。心包炎常伴发心肌炎，心包膜肥厚、混浊，心外膜水肿，心包囊内充满淡黄色纤维素性渗出物，严重的心包膜与心肌粘连（图 4-65）。

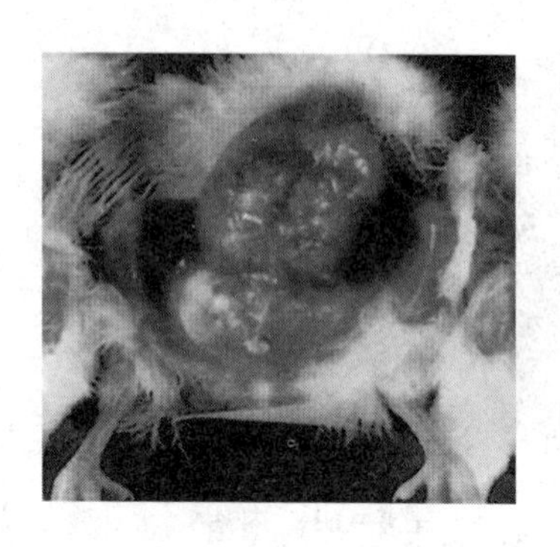

图 4－62　脐炎

图 4－63　拉白色稀粪便

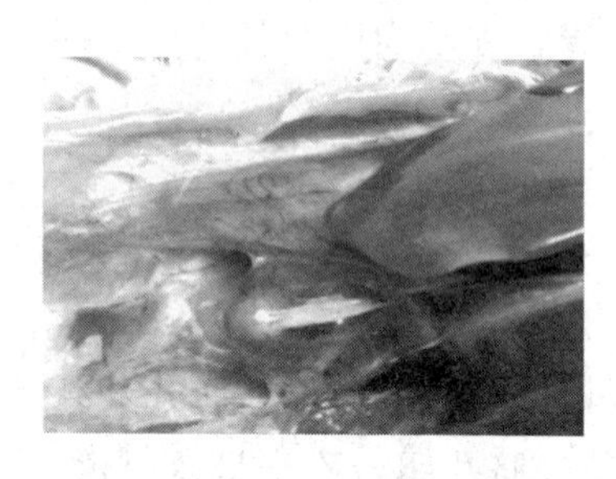

图 4－64　气囊炎

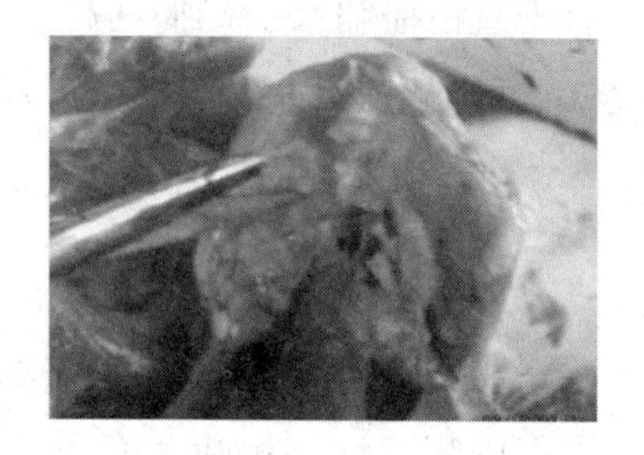

图 4－65　心包炎

肝周炎：肝脏肿大，肝脏表面有一层黄白色的纤维蛋白附着（图 4－66），肝脏变性，质地变硬，表面有许多大小不一的坏死点。严重者肝脏渗出的纤维蛋白与胸壁、心脏和胃肠道粘连，或导致肉鸡腹水症（图 4－67）。

全眼球炎：该型多发于鸡舍内空气污浊，病鸡眼炎多为一侧性，病初病鸡减食或废食，羞明、流泪、红眼，随后眼睑肿胀突起（图 4－68）。

（三）防治措施

对大肠杆菌病的防治，应重点搞好孵化卫生，防止从种

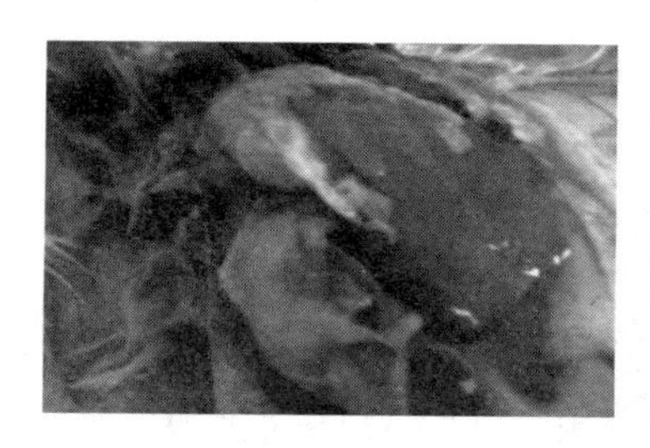
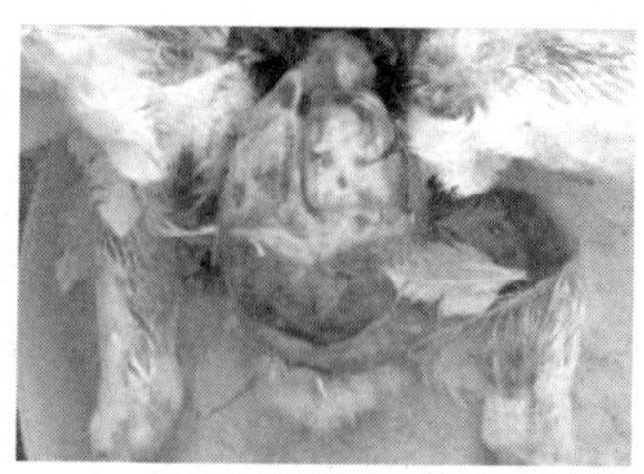

图 4－66 肝周炎

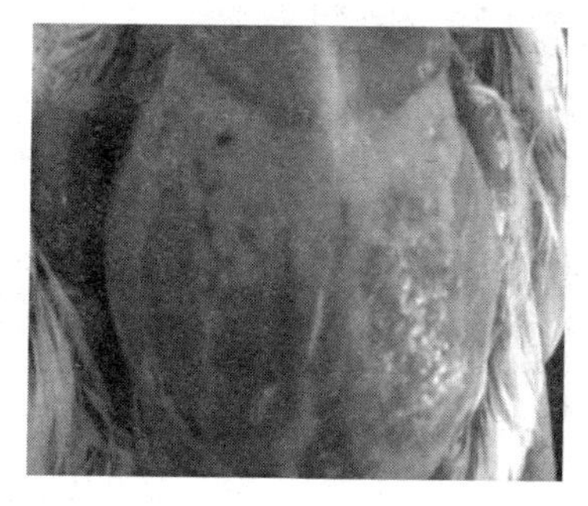

图 4－67 腹水症

图 4－68 眼炎

蛋垂直传播该病。加强环境卫生管理和饲养管理，消除导致该病发生的各种诱因。疫苗接种具有较好的免疫预防效果。采用本地区发病鸡群的多个菌株，或本场分离菌株制成的疫苗使用效果较好。在治疗该病时，最好先分离大肠杆菌进行药敏试验，然后确定治疗用药。

六、鸡慢性呼吸道病

（一）流行特点

鸡以 4～8 周龄最易感，火鸡以 5～16 周龄易感，成年鸡

常为隐性感染。可通过水平和垂直传播。一年四季都可发生，但在寒冷季节多发。

（二）临床症状

病鸡食欲降低，流稀薄或黏稠鼻液，咳嗽、打喷嚏，眼睑肿胀（图 4－69），流泪（图 4－70），呼吸困难和气管啰音。随着病情的发展，病鸡可出现一侧或双侧眼睛失明。

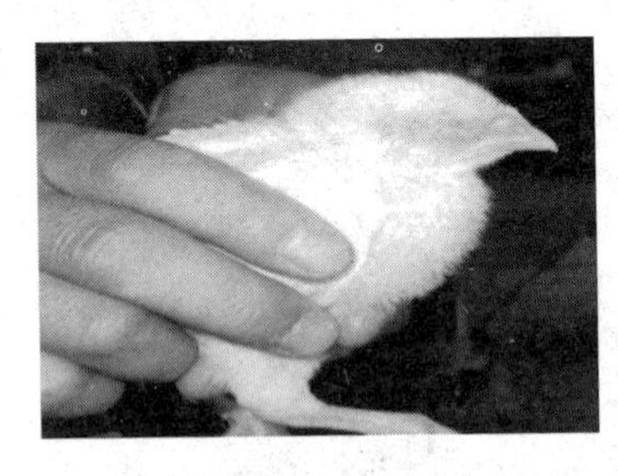

图 4－69 精神沉郁

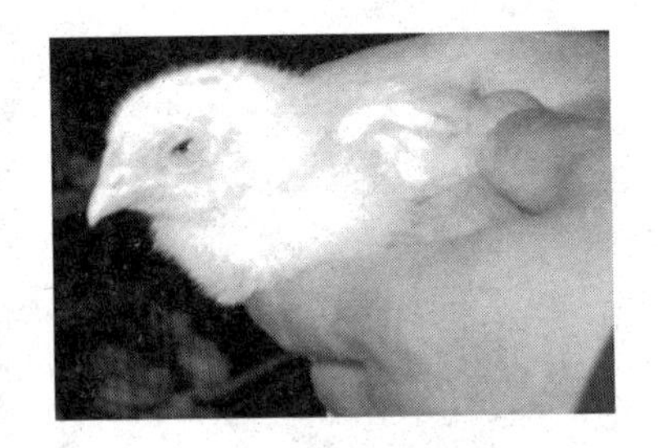

图 4－70 眼睛流泪

（三）病理变化

病死鸡消瘦，病变主要表现为鼻道、副鼻道、气管、支气管和气囊的卡他性炎症，气囊壁增厚、混浊（图 4－71），有干酪样渗出物或增生的结节状病灶。严重病例可见纤维素性肝周炎（图 4－72）和心包炎。患角膜结膜炎的鸡，眼睑水肿，炎症蔓延可造成一侧或两侧眼球破坏。

（四）防治措施

要加强饲养管理，保证日粮营养均衡；鸡群饲养密度适当，通风良好，防止阴湿受冷。定期用平板凝集反应进行检测，淘汰阳性反应鸡以有效地去除污染源。弱毒活疫苗：目前国际上和国内使用的活疫苗是 F 株疫苗。灭活疫苗：基本

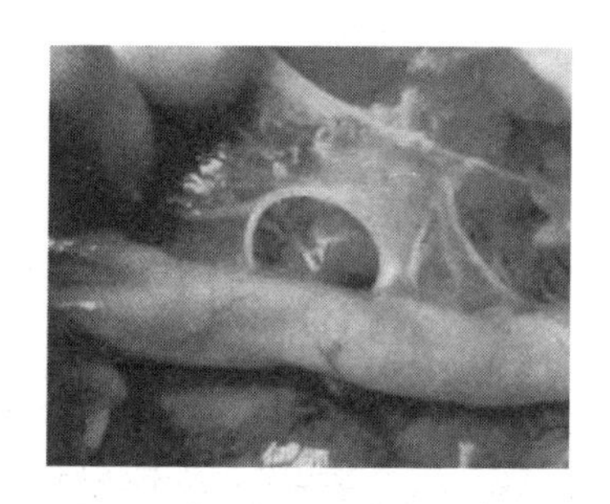

图 4 – 71 气囊增厚，有黄色渗出物

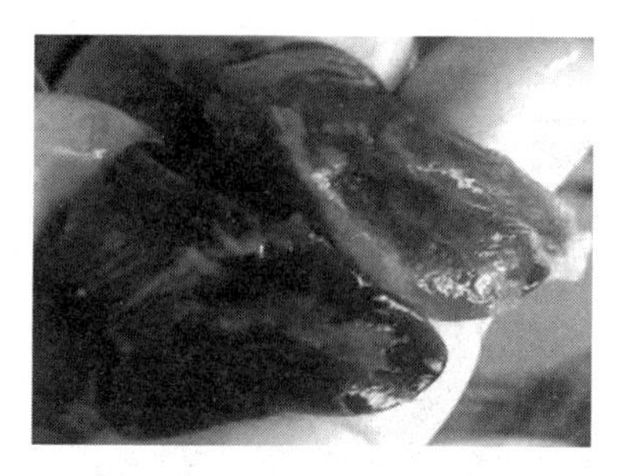

图 4 – 72 肝周炎

都是油佐剂灭活疫苗。链霉毒、土霉素、四环素、红霉素、泰乐菌素、壮观霉素、林可霉素、氟哌酸、环丙沙星、恩诺沙星治疗该病都有一定疗效。

七、鸡球虫病

(一) 流行特点

病鸡是主要传染源，凡被带虫鸡污染过的饲料、饮水、土壤和用具等，都有卵囊存在。鸡感染球虫的途径主要是吃了感染性卵囊。饲养管理条件不良，鸡舍潮湿、卫生条件恶劣时，最易发病，而且往往迅速波及全群。

(二) 临床症状与病理变化

急性盲肠球虫病：一般是在感染后 4 ~ 5 天，病鸡急剧地排出大量新鲜血便（图 4 – 73），明显贫血。血便一般持续 2 ~ 3 日，第 7 天起多数鸡停止血便。剖检病死鸡可见盲肠肿胀，充满大量血液（图 4 – 74），或盲肠内凝血并充满干酪样

的物质。

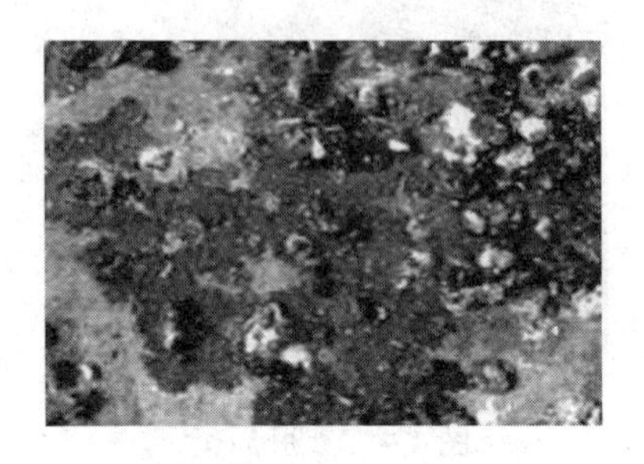

图 4－73　排血便

图 4－74　盲肠肿胀充满大量血液

急性小肠球虫病：主要在小肠中段感染，感染后 4～5 天鸡突然排泄大量的带黏液的血便，呈红黑色。剖检变化可见小肠黏膜上有无数粟粒大的出血点和灰白色坏死灶（图 4－75），小肠内大量出血，有大量干酪样物质。

图 4－75　小肠黏膜大量出血点

慢性球虫病：损害小肠中段，可使肠管扩张，肠壁增厚；内容物黏稠，呈淡灰色、淡褐色或淡红色。生前用饱和盐水漂浮法或粪便涂片查到球虫卵囊（图 4－76），或死后取肠黏膜触片或刮取肠黏膜涂片查到裂殖体、裂殖子或配子体

（图 4－77），均可确诊为球虫感染。

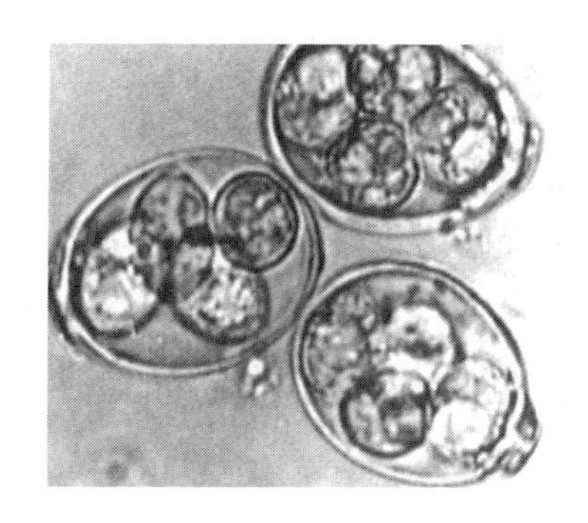

图 4－76　球虫卵囊

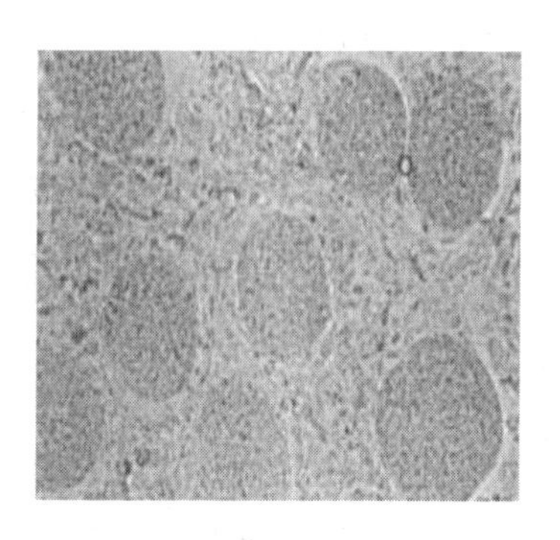

图 4－77　球虫配子体

（三）防治措施

加强饲养管理　保持鸡舍干燥、通风和鸡场卫生，定期清除粪便，进行堆放发酵以杀灭卵囊。

免疫预防：生产中使用球虫疫苗时，须考虑应使用多价疫苗，以获得全面的保护。

药物防治：可供选择的药物很多，建议临床应用时交替使用不同的药物，以减少抗药性发生的概率。

八、其他常见疾病

（一）腹水综合征

1. 病因

腹水症是肉鸡生产中的一种常见非传染性疾病，主要发生于 20～50 日龄快速生长的肉鸡，特征性的表现为腹腔内蓄积大量的液体，心、肝、肺部受到严重的损害，发病率 4%～

5%不等，病死率很高。此病诱因至今仍不十分明了，倾向性的看法是鸡快速生长对氧的需要量过多，可又不能及时供应充足的氧所致。具体主要包括以下几方面。

鸡舍通透气不良。鸡舍内存在大量的氨气，当鸡吸入氨气后，呼吸系统的黏液分泌增加和呼吸道壁增厚，会降低氧气进入血液。

饲养密度过大。单位个体拥有的空间减小，氧气的摄入量也减少，二氧化碳摄入量则相对增多。

饲喂高能饲料，生长迅速，红细胞携氧和营养运送作用加强，耗氧增多，导致慢性缺氧。尤以饲喂颗粒饲料者更为明显。

2. 临床症状

病鸡精神沉郁，羽毛蓬乱，饮水和采食量减少，生长发育受阻。脑、腹部的羽毛稀少，腹围明显增，腹部膨胀下垂，充满液体，皮肤发红或发绀，行动迟缓呈鸟步样，有的站立不稳以腹着地如企鹅状，呼吸困难，缩颈，行动迟缓，食欲减退，腹水出现后1~3天内死亡。

肝脏充血肿大，严重者皱缩，变厚变硬，表面凸凹不平，被膜上常覆盖一层灰白色或淡黄色纤维素性渗出物。肺脏瘀血充血，支气管充血（图4－78）。腹腔内有大量（50~500毫升）大量清亮而透明的液体，呈淡黄色（见图4－79），部分病鸡腹腔内常有淡黄色的纤维样半凝固胶冻状絮状物，有时可呈血性。心脏体积增大，心脏体积增大，心包有积液，右心室肥大、扩张、柔软，心肌变薄，松弛、瘫软。肠道变细，肠黏膜呈弥漫性瘀血。肾脏肿大、充血，呈紫红色。

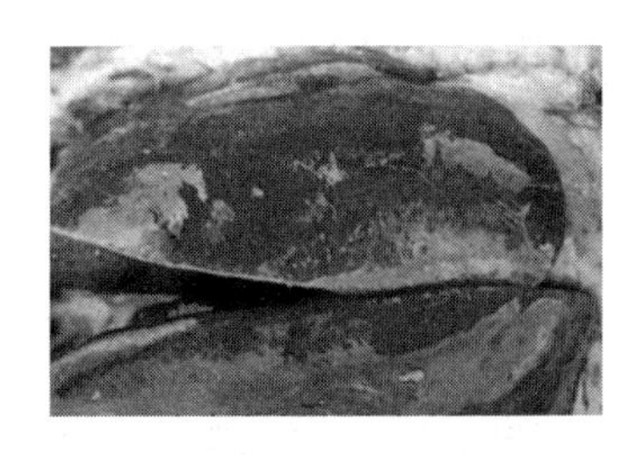

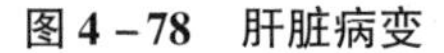
图4－78　肝脏病变

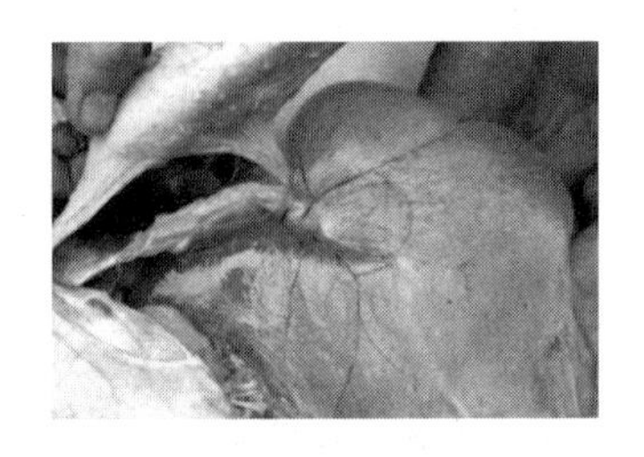

图4－79　腹水

3. 防治

该病无特效治疗方法。使用抗生素、增加维生素E、生物素、硒或氯化胆碱并没有明显效果。另外服用得尿剂或腹腔穿刺放出腹水，亦收效甚微。一般初期症状不明显，到产生腹水时已是病程后期，治疗困难，故应以防为主，主要从改善饲养环境、科学管理、科学配方等方面考虑。鸡舍内要湿度适宜、通风良好、垫料干燥，同时降低饲料中的粗蛋白含量与代谢能含量。对发病鸡群进行限饲并将病鸡隔离，病鸡每只口服双氢克尿噻6毫克，每日2次；在新育鸡的饲料中按每公斤饲料100毫克的量加入维生素C，连用3日。腹水严重的病鸡可穿刺放液，穿刺部位选择腹部最低点，以便排出积液（每次放液量不可太多，以免引起虚脱），为防继发感染可同时使用抗菌素。

（二）猝死症

1. 病因

肉鸡猝死综合征（Sudden Death Syndrome ，SDS）又称肉鸡急性死亡综合征（Aculte Death Syndrome，ADS），也称翻跳病。目前多数人认为由于肉鸡生长很快，个别鸡肌肉、骨骼

生长与内脏器官发育不相协调，不能同步，加重了内脏器官（尤其是心、肝）的负荷，往往导致猝死。该病属非传染性的或营养过剩代谢病。采食能力强、采食量大、生长特别快的个体尤为突出。

2. 症状

多发于外观健壮、个体最大、肌肉最丰满的鸡只。发病前无明显征兆，采食、饮水、运动、呼吸等均正常，常常表现行动突然失控尖叫，前后跌倒，双翅剧烈煽动，继而颈腿伸直，背部着地突然死亡（图4－80），从发病至死亡约1分钟左右，死亡肉雏鸡的体重超过同群鸡的平均体重较多。

死后剖检无明显变化，主要是肌肉组织苍白（图4－81），与缺硒的症状相似，心脏扩张，特别是右心房较明显，心脏积血，心包液增多，个别的心冠脂肪有少量出血点，嗉囊、肌胃、肠道内容物充盈，肺肿大呈暗红色，肝肿大呈紫色并伴有白色条纹，脾肿大，肛门外翻，其他脏器变化不明显。

图4－80　猝死

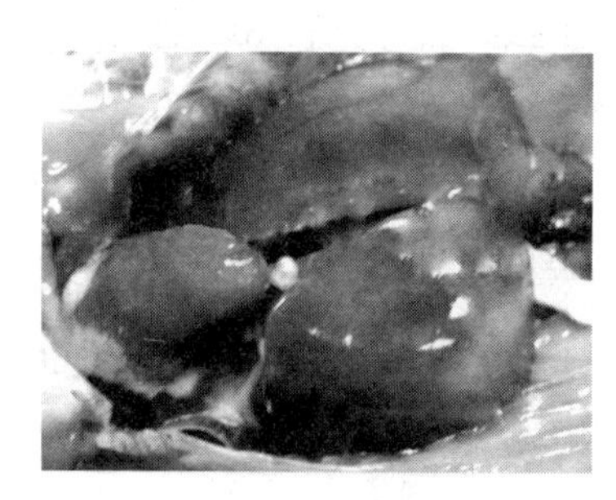

图4－81　肌肉苍白

3. 防治

预防应从多方面入手，例如：提供优良合理生活环境，通风优良，又利于冬季保温；给予适度的光照，2～3 周龄肉雏鸡光照时间应以 16 小时为宜，以后适当降低；营养全面合理搭配，科学配方，提供优质的饲料原料，粗蛋白一般以 20% 为宜，维生素含量应合理，维生素 A、维生素 D、维生素 B 可降低该病的发生，饲料中添加植物油，也可降低该病发生；饲料添加碳酸氢钠或氯化钾可降低肉鸡猝死综合征的死亡率，在 10～21 日龄的肉雏鸡饲料中可添加 0.3%～0.4% 的碳酸氢钠拌料 10 天，或加 0.5% 碳酸氢钠和 0.3% 氯化钾饮水；减少各种特殊应激，给以安静环境；适量限制饲喂，在 8～14 日龄中，每天给料时间控制在 16 小时以内，可减少该病的发生。15 日龄后恢复 23～24 小时给料，鸡只的生长速度不会受到太大影响。

（三）肠毒综合征

肉鸡肠毒综合征是一种近几年普遍流行于商品肉鸡群中，以腹泻、粪便中含有未消化的饲料、采食量下降、增重缓慢和脱水等为特征的肠道综合性疾病。它是一种多病因性疾病，外界环境变化、饲养管理不善、滥用药物等不良因素均可造成肉鸡小肠病变，从而引起球虫、魏氏梭菌等病原菌以及病毒的混合感染，从而导致了该病的发生。该病四季均可发生，各品种、各年龄鸡也均可发生，肉鸡多发于 28～56 日龄。密度大，通风不良，空气湿度偏高，卫生条件差尤其是肉鸡地面平养的污染及饲养管理不当或者肉鸡血糖低、自体中毒以及饲料中维生素、能量和蛋白质的影响等都可导致该病的发

生。该病主要通过消化道和呼吸道水平传播，还可经饲料、呼吸道等途径感染。

发病初期，一般没有明显的症状，个别鸡粪便变稀，不成形，有未消化的饲料。少数急性病例未见任何症状变化便突然倒地死亡。后发病的鸡常离群呆立，羽毛松乱喜欢挤堆，采食量下降甚至废绝，排黄白色、黄绿色、灰褐色或者水样稀便（图4－82），有的病鸡排烂鱼肚样成黑芝麻糊样粪便，个别的出现西红柿汁样粪便。发病后期个别鸡出现神经症状，头颈震颤、惊叫、狂奔、瘫痪而死。

病理变化：在发病的早期，十二指肠、空肠的卵黄前部分黏膜增厚，颜色呈灰白色，像一层层的麸皮，极易剥离，肠黏膜增厚，肠壁增厚，肠腔空虚，内容物较少，有的内容物为尚未消化的饲料。到病程中后期，肠壁变薄、脆弱、扩张，充满气体、黏膜脱落、肠内容物呈蛋清样，黏脓样，西红柿样。有的在十二指肠段有火柴头大小的出血点，有时在整个肠道可见到大小不一样的出血点或血斑（图4－83）。盲肠扁桃体肿胀、出血、有肝脏质脆，发黄、心冠脂肪增生，点状出血，挤压腺胃乳头有大量的黏液流出，肾脏多尿酸盐沉积，肠黏膜上附着黄绿色假膜，肠黏膜严重溃疡，坏死、完全脱落、崩解。其他器官一般无明显变化。

防治措施：加强饲养管理，勤换垫料，减低饲养密度，减少各种应激因素的刺激和防止并发症的发生。保持鸡舍的清洁卫生，特别是饲槽、饮水器要定期消毒。保持鸡舍内通风良好，空气新鲜。光照强度、时间、温度、湿度，应符合科学管理的技术要求。禁止使用霉变饲料，科学的添加饲料

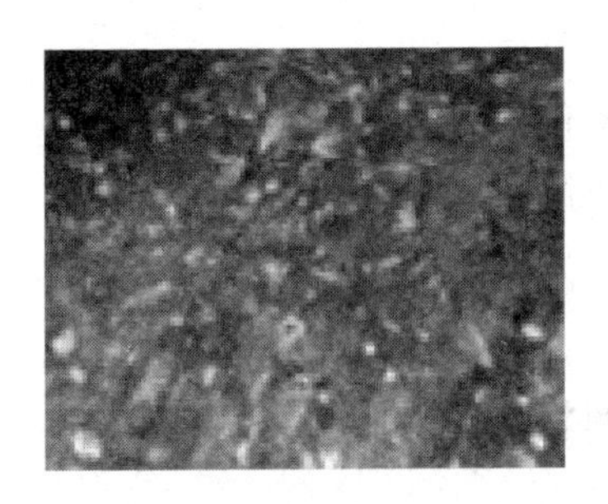

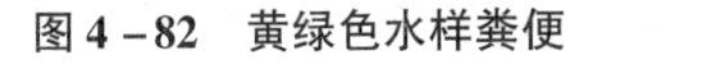
图4-82 黄绿色水样粪便

图4-83 十二指肠出血点

蛋白和维生素。合理运用药物预防，并给予适量的维生素，有助于雏鸡的生长发育，增强抗病力。

治疗：针对不同发病原因，结合其多病因共同作用的结果，按照对症对因治疗的原则，可选用抗球虫抗细菌药物和对症治疗药物进行综合治疗。

由于管理、饲料、天气等原因引起的肠毒综合征可以解除这些原因，再喂电解多维。

按照多病因的治疗原则：抗球虫、抗菌、调节肠道内环境、补充部分电解质和部分维生素复配药物治疗，效果非常好。

（四）黄曲霉素中毒

1. 病因

黄曲霉在自然界中分布很广，特别在玉米、豆饼（粕）、花生饼（粕）等饲料由于堆积时间过长、通风不良、受潮、受热等条件下易生长，并产生霉菌的代谢产物霉菌毒素。黄曲霉素有12种之多，其中，B_1毒性最强，7日龄以后的雏鸡每只只要吃进50~60微克即能引起中毒死亡。

2. 症状

病鸡精神萎顿、嗜睡、食欲不振、消瘦、贫血、排出血色的稀粪，角弓反张、衰竭，死时脚向后强直。

3. 防治措施

平时加强对饲料的保管工作，一旦发现霉变，立即停喂。目前尚无解毒剂，可用盐类泻剂清除嗉囊和胃肠道内容物，补给等渗糖水，0.5%碘化钾溶液。

（五）一氧化碳中毒

1. 病因

煤炭、煤油或木屑炉在供氧不足的状态下不完全燃烧，即可产生大量的一氧化碳气体。育雏室烟道不畅，倒烟或通风不良，使一氧化碳积聚在舍内而引起中毒。

2. 症状

急性中毒的鸡为呆立、呼吸困难、嗜睡、运动失调，病鸡发软不能站立，侧卧并表现角弓反张，最后痉挛和惊厥死亡。

亚急性中毒的病雏羽毛粗乱，无光泽，食欲减退、精神呆滞，生长缓慢，当室内一氧化碳含量达0.04%～0.05%时可引起中毒。

3. 防治

检查育雏室中加温取暖设备，防止漏烟、倒烟，保持通风良好，发现中毒则打开门窗，排除一氧化碳，中毒鸡移至空气新鲜舍内，并对症治疗，中毒不深的可很快恢复。

第六节　实验室诊断技术

疾病发生后，首先调查鸡场发病日龄、数量、用药情况、鸡体外部特征（羽毛、面部、皮肤等），然后进行必要的剖检检查各个脏器有无异常。标准化肉鸡场还需配备高水平的实验室，对细菌病毒等进行检验。

一、细菌检验技术

首先无菌采集病鸡病料进行细菌的分离培养，通过药敏试验（图4－84），选择抑菌圈最大的那种抗生素，也就是对病原敏感性强的抗菌药物进行对症治疗。抑菌圈越大，该纸片代表的药物越敏感。

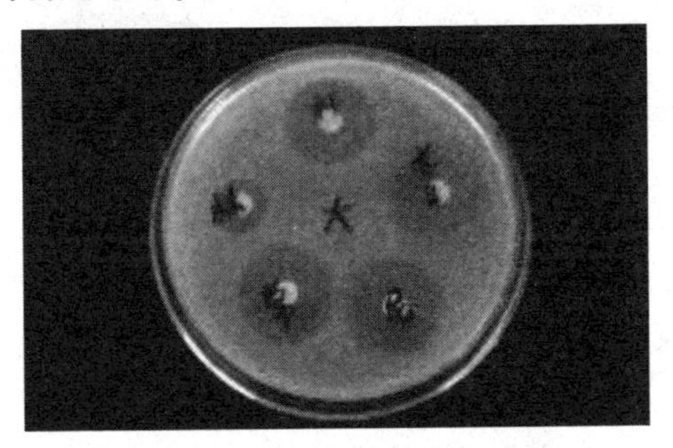

图4－84　纸片药敏试验结果

二、快速全血平板凝集反应

某些微生物加入含有特异性抗体的血清或全血，在电解质参与下，经过一定时间，抗原与抗体结合，凝聚在一起，形成肉眼可见的凝块，这种现象称为凝集反应（图4－85）。快速全血平板凝集反应又称血滴法，在玻板或载玻片上进行，

是传染性鼻炎、鸡白痢、鸡伤寒、鸡慢性呼吸道病等疾病检测的重要手段。

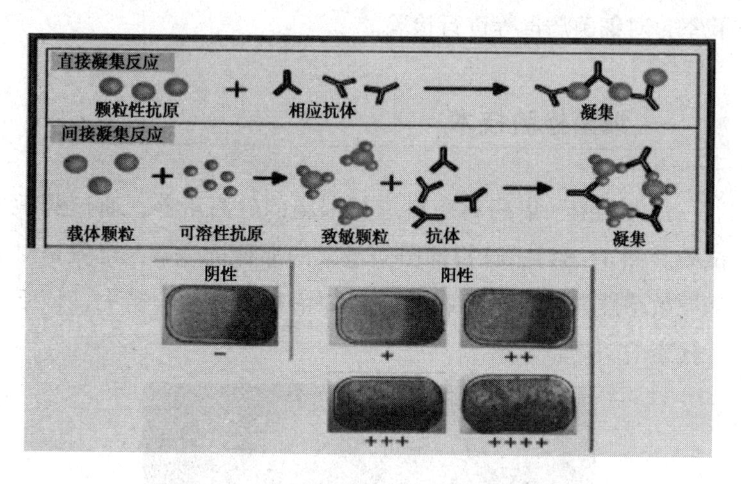

图 4-85　平板凝集试验原理示意图

三、琼脂免疫扩散试验(AGP)

AGP 的原理是可溶性抗原与抗体在含电解质的琼脂网状基质中自由扩散，并形成由近及远的浓度梯度，当适当比例的抗原、抗体相遇时，形成肉眼可见的白色沉淀线，此种沉淀反应称为琼脂免疫扩散，简称琼脂扩散或琼扩（图 4-86）。常用于鸡传染性法氏囊病、鸡马立克氏病、禽流感、禽脑脊髓炎、禽腺病毒感染等病的诊断，以及抗体监测和血清学流行特点调查等。

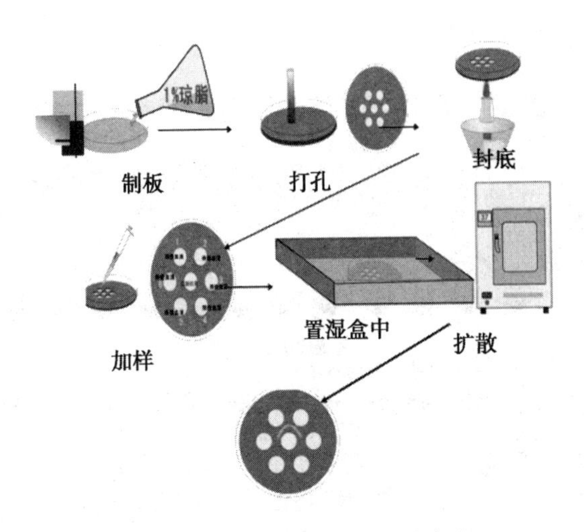

图 4 -86　琼脂扩散试验的步骤

四、血凝和血凝抑制试验

某些病毒能够与人或动物的红细胞发生凝集，这称之为红细胞凝集反应（HA）。这种凝集反应可被加入的特异性血清所抑制，即为红细胞凝集抑制试验（HI）（图 4 -87）。在鸡病中目前最常用作新城疫病毒、禽流感病毒、减蛋下降综合征病毒等的诊断和血清学监测。

五、酶联免疫吸附试验(ELISA)

是利用酶的高效催化作用，将抗原与抗体反应的特异性与酶促反应的敏感性结合而建立起来的，当标记的抗原或抗体与待检抗体或抗原分子结合时，即可在底物溶液的参与下，

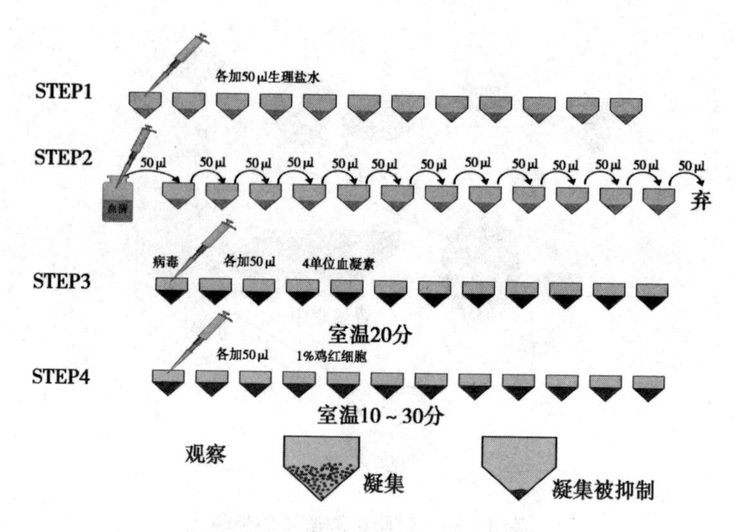

图4-87　血凝和血凝抑制试验步骤

产生肉眼可见的颜色反应，颜色的深浅与抗原或抗体的量成比例，通过测定光吸收值可作出定量分析（图4-88）。

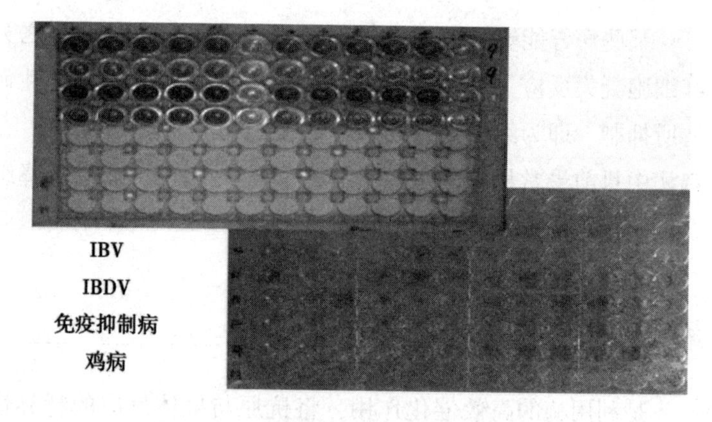

图4-88　酶联免疫吸附试验样品结果

六、聚合酶链反应(PCR)

PCR 是一种选择性体外扩增 DNA 或 RNA 的方法。通过凝胶电泳或标记染料检测扩增产物，确定病原核酸的存在（图 4－89）。

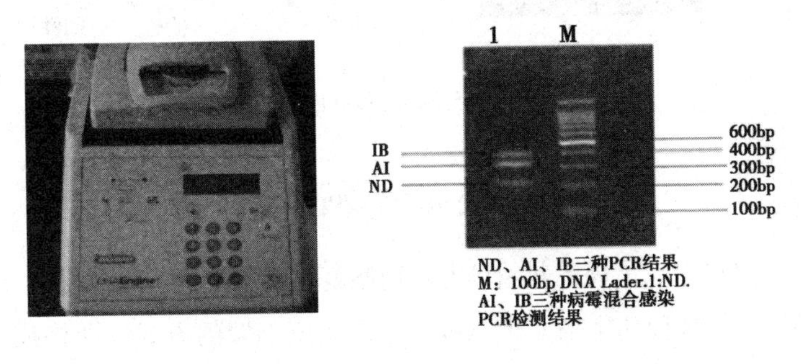

图 4－89　PCR 仪器和 PCR 电泳结果

七、胶体金免疫层析技术

氯金酸（$HauCL_2$）在还原剂作用下，可聚合成一定大小的金颗粒，即胶体金。预先将抗原或抗体固定在层析介质上，相应的抗体或抗原通过毛细泳动，当与胶体金标记的特异性蛋白结合后即滞留在该位区，金颗粒达到 107 个/平方毫米时，即可出现肉眼可看的粉红色斑点（图 4－90）。

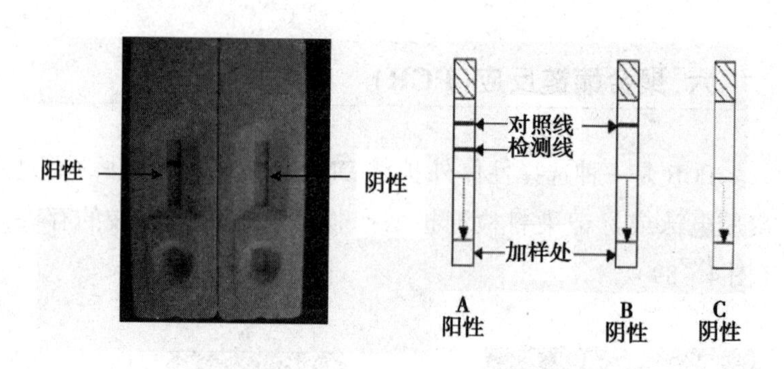

图4－90　胶体金技术使用方法

第七节　遵守鸡场管理制度

肉鸡标准化规模养殖场的管理制度一般包括鸡场规章制度、鸡场操作规程和生物安全制度。采用制度上墙的方式，严格执行，严格管理，用制度来管理和激励不同岗位的工作积极性，提高工作效率和经济效益。鸡场主要管理制度见附件。

一、鸡场规章制度

肉鸡标准化规模养殖场要针对鸡场的实际情况，制定一套完整切实可行的规章制度，明确各个岗位的工作职责和考核办法，让全场职工的工作有章可循，奖罚分明（表4－4，图4－91）。

表 4－4　鸡场规章制度

序号	规章制度名称	职能
1	鸡场管理制度	对鸡场所有人员的工作要求和规范
2	技术员管理制度	对生产技术人员和维修技术人员岗位职责的规定和考核办法
3	财务管理制度	以会计法为依据，对鸡场财务和会计的管理和考核制度
4	采购制度	对采购员的岗位职责和采购程序的规定和考核办法
5	仓库管理制度	对仓库管理员的岗位职责和出入库管理的规定和考核办法
6	用药制度	对技术员等专业人员兽药使用的注意事项和规定及考核办法，禁用国家违禁药物
7	饲料及饲料添加剂使用管理制度	对技术员等专业人员饲料使用的注意事项和规定及考核办法，禁用国家违禁饲料添加剂
8	档案管理制度	对档案管理员的岗位职责和日常生产记录的规定、具体要求和考核办法

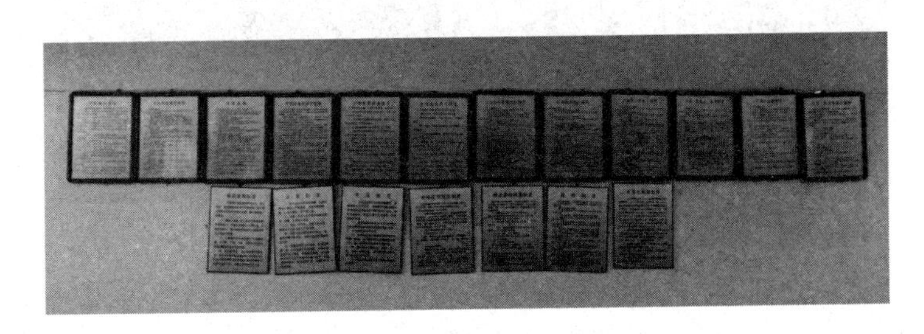

图 4－91　鸡场规章制度上墙

二、生产操作规程

针对每个岗位制定出详细的操作规程或程序，让职工明确各自的工作内容和步骤，有利于各项工作的标准化管理（表 4－5，图 4－92）。

表 4-5　生产操作规程

序号	规章制度名称	职能
1	进出场程序	规定进出场的路线和要求、避免交叉污染
2	饲养操作程序	对饲养员的日常饲养操作进行规定，包括喂料、饮水、消毒、清粪、鸡群观察、通风、设施维护等
3	光照程序	不同季节的光照时间和要求
4	免疫操作程序	对不同免疫方式的操作的具体要求
5	无害化处理操作程序	病死鸡、兽医室和化验室无害化处理的操作步骤和要求
6	消毒程序	鸡舍内外消毒的要求和注意事项

图 4-92　部分生产操作规程上墙

三、生物安全制度

生物安全制度是鸡场生产管理的重点，并要坚持“养重于防，防重于治”的原则，严格执行进场人员、车辆的消毒、病死鸡无害化处理等重要生物安全措施，减少交叉感染的机会（表 4-6，图 4-93、图 4-94）。

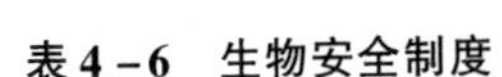

表4－6　生物安全制度

序号	规章制度名称	职能
1	消毒制度	对场区门口、鸡舍内外、环境消毒的要求
2	防疫制度	对病原阻断、鸡群免疫、疫苗药物选择方面的规定
3	无害化处理制度	对病死鸡、鸡舍废弃物的无害化处理规定
4	检疫申报制度	对鸡群疫病检疫和疫病上报的相关规定
5	兽医室管理制度	对兽医室岗位职责和病死鸡解剖、检测的相关规定

图4－93　生物安全相关制度上墙

图4－94　检验检疫相关制度上墙

四、档案管理

(一)做好日常记录(图4－95，图4－96，图4－97，图4－98)

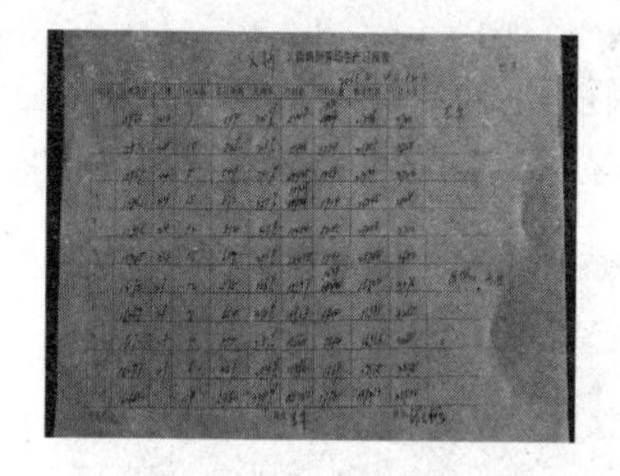

图4－95 生产日报表

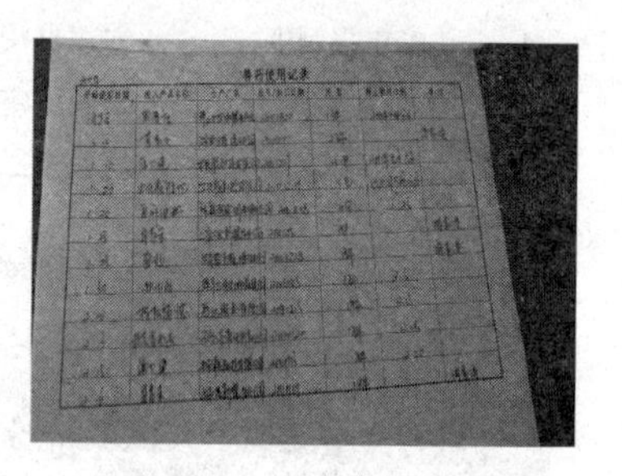

兽药使用记录

图4－96 兽药使用记录

(九)病死畜禽无害化处理记录

日期	数量	处理或死亡原因	畜禽标识编码	处理方法	处理单位(或责任人)	备注
[illegible]	[illegible]	[illegible]		[illegible]	[illegible]	

1. 日期：[illegible]
2. 数量：[illegible]
3. 处理或死亡原因：[illegible]
4. 畜禽标识编码：[illegible]
5. 处理方法：[illegible]
6. 处理单位：[illegible]

22

图4－97 病死鸡处理记录

车辆/人员出入消毒记录

图4－98 车辆人员出入消毒记录

（二）记录合并成册（图 4－99）

图 4－99　各种生产记录

（三）3. 档案妥善存放（图 4－100）

图 4－100　各种档案

第五章 粪污无害化

随着畜禽养殖集约化与规模化的快速发展，也产生了大量的废弃物。肉鸡场废弃物主要包括鸡粪、病死鸡和废水等，据统计，1 000头奶牛日产粪尿50 吨，1 000头肉牛日产粪尿 20 吨，1 000头育肥猪日常粪尿 4 吨，1 万羽蛋鸡日产粪尿 2 吨。据估算，2010 年仅山东省畜禽养殖业共产生 2. 85 亿吨粪便，畜禽粪便产生量是工业固体废弃物产生量的 1. 8 倍，2011 年全国畜禽粪便产生量约 21. 21 亿吨。很多畜禽场建在大中城市的近郊及城乡结合部，畜禽养殖产生的粪污排放量大，周围没有足够的土地消纳，再加上化肥的大量使用，减少了粪污的使用，导致了农牧分离、种养脱节，畜禽养殖产生的粪污由可以很好利用的资源变为污染源，畜禽粪污如果不经处理直接排入外界，不但严重影响了生态环境，还会危及畜禽本身及人体健康。由此造成的环境污染已经成为一个社会问题，也严重影响我国农业的可持续发展。

畜禽粪污作为一种宝贵的饲料或肥料资源，通过加工处理可制成优质饲料或有机复合肥料，不仅能变废为宝，而且可减少环境污染，防止疾病蔓延，具有较高的社会效益和一定的经济效益。因此正确处理上述废弃物使其无害化、减量化，降低环境污染、实现资源化利用，对促进肉鸡养殖业乃至畜牧业的可持续健康发展具有重要的意义。

第一节　鸡粪无害化措施

畜禽场粪便的产生量因其品种、生长期、饲料、管理水平、气候等原因，不同的资料给出的排泄量差别较大，含水率则差别更大。表5－1中为主要饲养的畜禽的排泄量，供参考。不同的畜禽场最好根据实际情况，以实际测量为准。

表5－1　畜禽场粪便排泄量估算　（千克/头、只）

序号	类别	日排粪量	序号	类别	日排粪量
1	公猪	2.0～3.0	12	后备鸡（0～140日龄）	0.072
2	空怀母猪	2.0～2.5	13	产蛋鸡	0.125～0.135
3	哺乳母猪	2.5～4.2	14	肉仔鸡	0.105
4	断奶仔猪	0.7	15	泌乳奶牛（28月龄以上）	30～50
5	后备猪	2.1～2.8	16	青年奶牛（9～28月龄）	20～35
6	生长猪	1.3	17	育成奶牛（7～18月龄）	10～20
7	育肥猪	2.2	18	犊牛（0～6月龄）	3～7
8	羊	2	19	24月龄以上肉牛	20～25
9	肉鸭	0.1	20	24月龄以下肉牛	15～20
10	种鸭	0.17	21	驴、马、骡子	10
11	兔	0.15	22		

畜禽粪便按含水率划分为固态（含水率＜70%）、半固态（含水率70%～80%），半液态（含水率80%～90%）、液态（含水率＞90%）。清粪工艺对畜禽粪便的含水率影响甚大，畜禽场采用水冲粪工艺和水泡粪工艺，粪便含水率大95%以上（如果不采取固液分离，处理技术难度大，投资高，谈不上粪便处理），采用干清粪工艺，粪便含水率一般在70%～85%。有些畜禽场由于饮水器漏水则粪便含水率高达85%以

上，肉鸡采用垫料平养，肉鸡出栏时垫料与粪便混合后含水率已经很低。

《畜禽养殖场污染物排放标准》规定畜禽养殖场不允许把粪便倾倒入地表水和其他环境中，必须设置能防止粪液渗漏和溢流的粪便固定储存设施，粪便无害化处理后应达到表5－2中规定的指标。也可以参照《粪便无害化卫生标准》（GB7959—87）中的规定指标。

表5－2　畜禽养殖业粪便无害化环境标准

序号	控制项目	指标
1	蛔虫卵	死亡率≥95%
2	粪大肠菌群数	≤10 000 个/kg

鸡粪无害化处理的方法主要包括堆肥处理、干燥处理制作有机肥、利用鸡粪生产沼气等不同的处理方式。

一、堆肥处理

鸡粪采用集中堆积生物发酵、农牧结合的方式进行还田循环利用，是目前鸡粪处理利用的主要方式。

堆肥是利用好氧微生物将有机物分解为稳定的腐殖质，同时产生热能，粪便内部温度逐渐升高，达到60～70℃高温并且能够持续数天，不仅降低水分，同时杀灭其中的有害病原微生物、寄生虫、虫卵和杂草种子等，腐熟后的物料不再有臭味，易于被作物吸收，整个过程根据工艺不同持续从几十天到几个月，最终完成从粪到肥的转变过程。

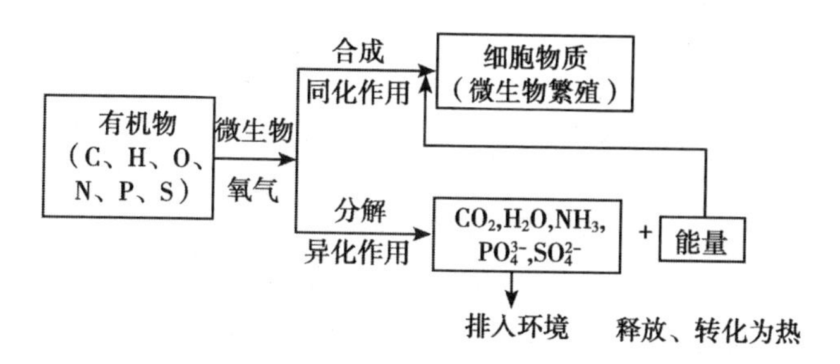

图5－1　好氧堆肥原理

（一）条垛式堆肥

将畜禽粪便堆成长条形，一般长10～15米，宽2～4米，高1.5～2米，在气温20℃左右约需腐熟15～20天，其间需翻堆1～2次，以供氧、散热和使发酵均匀，此后需静置堆放2～3个月即可完全腐熟。为加快发酵速度，可在垛内埋秸秆柬或垛底铺设通风管，在堆垛后的前20天因经常通风，则不必翻垛，温度可升至60℃，此后在自然温度下堆放2～3个月即可完全腐熟。这种方法成本低、处理周期长，占地面积大，受天气影响大，生产成本低。比较适合于小型畜禽场使用，中型畜禽场如果采用此种方式，翻堆的工作量大。为防止污染土壤，堆肥场应做防渗处理和防雨棚。

（二）发酵槽堆肥

发酵槽堆肥基本由四部分组成：发酵槽、搅拌机构、通气装置和发酵大棚（车间）。使用通气装置可以加快发酵速度，但是耗电量大，有些发酵槽堆肥不用通气装置，只通过搅拌来提供氧气。

为了充分利用太阳能，发酵大棚（车间）覆盖材料用玻

图 5 -2　条垛式堆肥

璃钢、阳光板、塑料薄膜，白天阳光充足时，放置于大棚内的物料相当于蓄能剂，吸收大量太阳能，夜晚温度降低时热量缓慢释放。在东北等寒冷地区利用太阳能难以达到发酵所需的温度时，发酵大棚内需要增加供暖设备进行局部加温。发酵槽做成半地下式也有利与冬季保温。发酵槽堆肥基本工艺流程（图 5 -3）。

根据搅拌原理和设备特点，主要分 3 类：

1. 深槽发酵搅拌机（图 5 -4）

a. 发酵料层深达 1.5 ~1.6 米，处理量大，适应有机肥产业化的要求；

b. 物料含水率调节至 50% ~60%，发酵最高温度可达 70℃左右；

c. 发酵干燥周期 30 ~40 天，产品含水率为 30% ~25%；

d. 发酵彻底，产品达到无害化要求，无明显臭味；

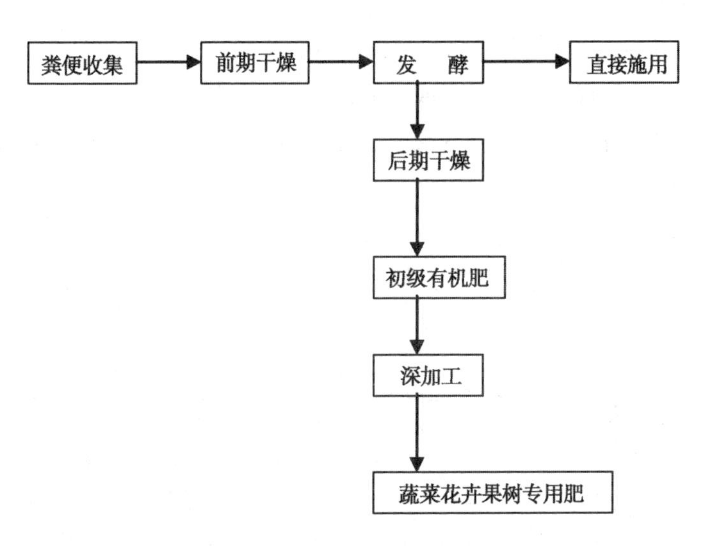

图5-3　发酵槽堆肥基本工艺流程

图5-4　深槽发酵搅拌机

e. 设备自动化程度高，可实现全程智能操作；

f. 设备使用寿命长，易损件少，更换方便；

g. 节省能源，生产成本低；

h. 备有加温、补气设施，不受天气影响，可实现一年四季连续生产。

2. 浅槽发酵搅拌机（图 5－5）

发酵槽一般为 0.8 米左右，搅拌设备类似于农业上用的旋耕机。

图 5－5　浅槽发酵搅拌机和移行车

特点：被处理粪便的水分含量可高一些。

肥料堆层不能过高，一般为 0.6 米左右，占地面积大且时间长，因此，处理能力小；北方地区冬季必须进行外部加温，否则难以维持连续生产。

3. 行走式自动翻堆机（图 5－6）

该装置采用传送带状的翻堆结构与自动行走系统，翻堆时渐渐地挖掘堆积物并送至机器后面来实现翻堆。因对堆积物从下往上挖掘并送至较长的距离，从深度和跨度上彻底搅拌，作到重新堆制，搅拌效果好，效率高，翻堆和输送同时完成，并机器边行走边翻堆自动完成全部工作过程，实现流水式有机肥生产。因翻堆是靠从下往上的逐步挖掘来完成，对堆积物无选择，适应性广，适用于利用畜禽粪便、作物秸秆、农产品加工副料、生活垃圾等生产有机肥（图5－7，5－8）。

图5－6　行走式自动翻堆机

条垛式与槽式堆肥在发酵过程中添加菌种、辅料，经过7～14天的发酵处理后生产有机肥。

图5－7　鸡粪添加菌种发酵

图5－8　鸡粪生产有机肥

二、干燥处理

鸡粪干燥处理主要包括太阳能干燥处理和机械干燥处理两种。

（一）自然干燥法

该方法是利用太阳能、风能等自然能源对鸡粪进行干燥，采用手工或机械对粪剁定期进行翻倒，利用太阳能对鸡粪进行自然干燥（图5－9）。

图5－9　鸡粪自然干燥

（二）机械干燥处理

使用专门的干燥机械，通过加温使鸡粪在较短时间内干燥。该方法具有处理速度快、处理量大、消毒灭菌和除臭效果好等特点。干燥后，经粉碎、过筛后制成有机肥（图5－10）。

三、生产沼气

鸡粪经过发酵产生沼气（图5－11）实现了资源化利用，也减少了病原微生物的传播，减少臭气等对环境的污染。生

图 5－10　鸡粪烘干机

产的沼气可用于鸡场的取暖、照明等，大型肉鸡场引进现代化处理设备后，可以并网发电。但是，沼气处理也存在一些不容忽视的问题，夏季取暖需求较小时沼气产气量大，冬季取暖需求量大时往往产气量不足，而且沼渣也会造成二次污染。利用鸡粪生产沼气池主要有两种工艺：一是沼气池工艺，一种是厌氧塔工艺。

图 5－11　正在建设的沼气池

（一）鸡粪塔式沼气发酵

工艺流程（图 5－12）。

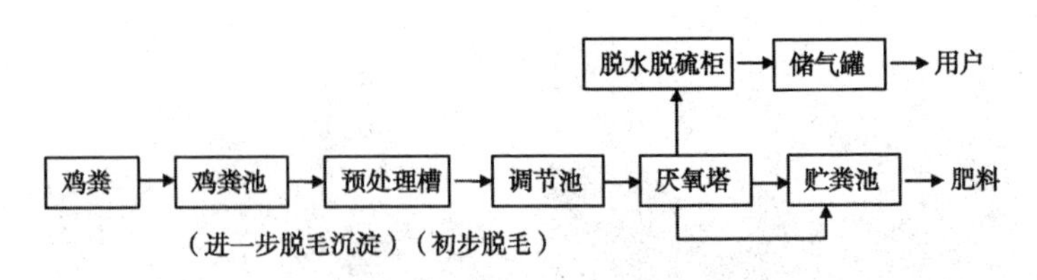

图 5－12　鸡粪塔式沼气发酵工艺流程

（引自《无公害肉鸡标准化生产》）

（二）利用沼气发电

沼气发电具有高效、节能、安全和环保等特点，是一种分布广泛且价廉的分布式能源（图 5－13，图 5－14）。

图 5－13　沼气发电

（德青源沼气发电厂）

图 5－14　沼气池工程

第二节　病死鸡的无害化处理

病死鸡是一种特殊的疫病传播媒介，如果处理不当，会危害人体健康和畜牧业的健康发展。应按照《病害动物和病害动物产品生物安全处理规程》（GB 16548—2006），及时做好病死鸡的无害化处理。

一、病死鸡收集与运输

养鸡场应建立严格的病死鸡管理办法，集中收集病死鸡，密封装袋后用专门车辆运输至无害化处理点。发现死因不明的鸡时，应立即向当地动物卫生监督机构报告，在官方兽医的监督下，对病死鸡采取深埋、焚烧等无害化处理措施（图5－15）。

图5－15　病死鸡专用运输车

二、病死鸡的处理方法

（一）焚烧处理

是消灭病原微生物的可靠方法，焚烧不会污染土壤和地下水，能彻底消灭死鸡及其携带的病原体。焚烧炉应远离生活区和生产区，并在鸡场的下风向（图5－16）。

（二）高温处理

有条件的鸡场可建专门的无害化处理厂，病死鸡经过高温处理后，经烘干、粉碎等加工工艺后，制作有机肥等产品，

图 5－16　焚烧炉

实现废弃物的资源化利用（图 5－17）。

图 5－17　病死鸡处理设备（干燥机）

图 5－18　病死鸡处理设备（熔化釜）

（三）堆肥处理

该方式是将死鸡放于鸡粪中间，一起堆肥发酵，使死鸡充分腐烂变成腐殖质，并杀死其携带的病原体（图 5－18）。在堆肥时候，要适量添加秸秆等通透性好的碳源，提高碳氮比（图 5－19）。

图 5－19　病死鸡处理厂房

（四）深埋处理

该法是处理死鸡常用的方法。选择离开水井、河流且地势高的地方，根据鸡饲养量决定坑的大小、深度，一般都建设混凝土深坑，上面加盖水泥板，并加胶条密封，盖上留两个可以开启小门，作为向坑内扔死鸡的口，平时盖严锁死。坑深不低于 2 米，以便死鸡充分腐烂变成腐殖质。

第三节　养殖污水的处理

目前，标准化肉鸡场一般采用乳头饮水系统，饲养期基本无废水产生。污水主要来自冲洗鸡舍、刷洗水槽和食槽的废水，其次是职工的生活污水。污水排放时必须符合《畜禽养殖业污染物排放标准》（GB 18596—2001）。养殖场污水处理一般可采用物理处理法、化学处理法、生物处理法等。

一、物理处理法

物理法处理污水主要通过过滤或沉淀等方法去除水中漂浮或悬浮物质，所用设备简单，操作方便，分离效果良好，

使用广泛。

（一）格栅

格栅由一组（或多组）相平行的金属栅条与框架组成，倾斜安装在进水的渠道，或进水泵站集水井的进口处，以拦截污水中粗大的悬浮物及杂质（图5-20）。

图5-20　格栅拦截污水设备

（二）沉砂池

从污水中去除沙子、煤渣等密度较大的无机颗粒，以免这些杂质影响后续处理设备的正常运行。

（三）沉淀池

属于生物处理法中的预处理，去除约30%的BOD 5，55%的悬浮物（图5-21）。

二、化学处理法

养殖污水的化学处理主要用于处理污水中那些不能单用物理方法或生物方法去除的一部分胶体和溶解性物质。

图 5-21　沉淀池

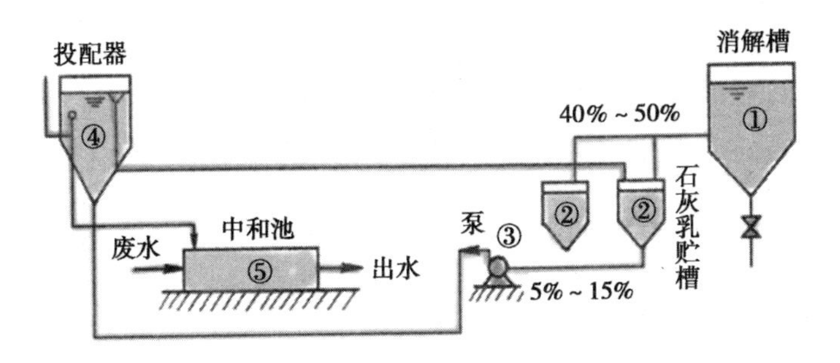

图 5-22　一种化学处理法处理污水

三、生物处理法

生物处理技术就是通过一定的人工措施，创造有利于微生物生长、繁殖的环境，使微生物大量繁殖，以提高微生物氧化分解有机物的一种技术。按照反应过程中有无氧气的参与，生

物处理法可分为好氧生物处理法和厌氧生物处理法（图 5－22）。好氧处理法处理效率高，效果好，使用广泛，是生物处理的主要方法，养殖废水处理主要采用活性污泥法和生物膜法。

（一）活性污泥法

活性污泥是以一群菌胶团属的好气细菌和原生动物为主组成的微生物集团与污水中有机、无机性悬浮杂质所构成的絮状体。活性污泥法利用活性污泥在有氧条件下吸附、吸收、氧化分解污水中不稳定的有机物使之转化为稳定的无机物，而使污水得到净化的方法（图 5－23）。

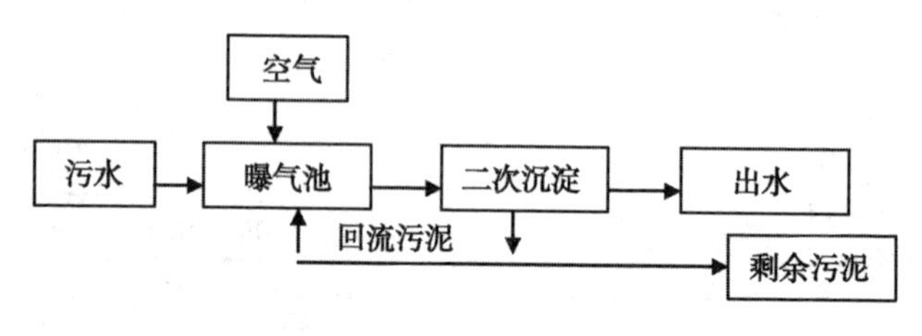

图 5－23　活性污泥法基本流程

（二）生物膜法

生物膜法是利用固着于固体介质表面的微生物来净化有机物的方法，亦称为生物过滤池。由于微生物固着于固体表面，即使增殖速率慢的微生物也能生存，从而构成了稳定的生态系；高营养级的微生物越多，污泥量自然就越多。所以，该法和活性污泥法相比，管理较方便（图 5－24）。

（三）厌氧生物处理

厌氧生物处理是环境工程与能源工程中的一项重要技术，是养殖排放有机废水强有力的处理方法之一。其能耗低，负

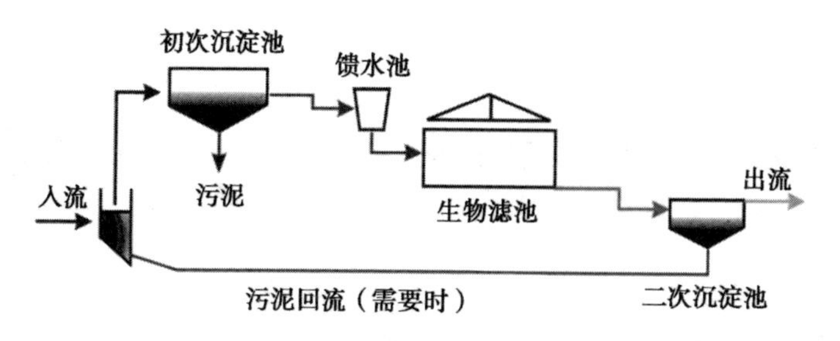

图 5－24　生物滤池法流程

荷高，剩余污泥量少，氮、磷营养需要量较少，有一定杀菌作用，可以杀死废水与污水中的寄生虫、病毒，而且厌氧活性污泥可以长期储存，厌氧反应器可以季节性或间歇性运转。图 5－25 列出了污水处理流程。

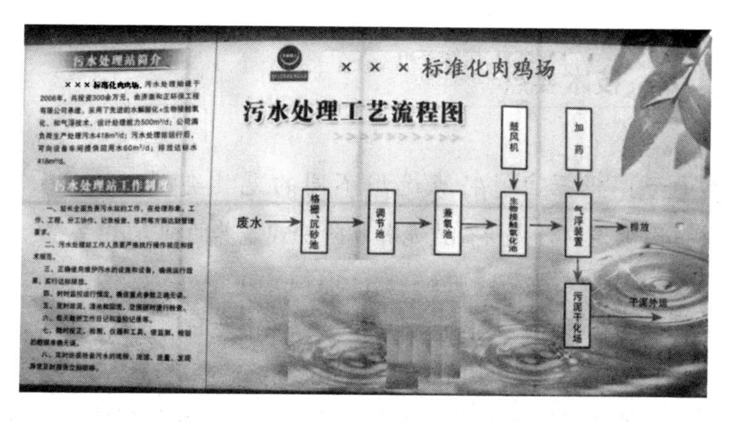

图 5－25　污水处理工艺流程

四、实际应用

实际生产中一般几种方法共用，达到处理污水的目的。

第六章 主推技术模式

肉鸡的饲养模式主要包括笼养、地面厚垫料饲养、网上平养等。此外优质肉鸡还可以采用放牧饲养模式，但该模式不符合肉鸡标准化规模养殖的发展趋势，不作为主推技术模式介绍。

第一节 笼养

一、技术要点

（一）根据自身特点选用不同的笼具类型

肉鸡笼养分为层叠式笼养和阶梯式笼养两种方式。

1. 阶梯式笼养（图6－1）

便于在地面设计自动刮粪系统，便于及时清理粪便。

2. 层叠式笼养（图6－2，图6－3）

一般在每层笼下设置粪盘清粪，也可以在每层笼下设置传送带输送粪便，直接运送至鸡粪处理场。提高了自动化水平，改善了鸡舍环境条件。

（二）便于配备自动化设备，降低劳动强度

笼养模式便于实现喂料、饮水、清粪等自动化操作，效

图6－1 阶梯式笼养

率显著提高。层叠式笼养还能够实现肉鸡出栏的自动化操作，利用传送带把肉鸡送出鸡舍。自动化水平的提高不仅可以解决肉鸡生产劳动力不足的现实问题，还可降低工作人员进出带来的生物安全风险，对提高养殖水平和产品质量安全具有重要意义。

（三）需要达到光照均匀要求

笼养、特别是层叠式笼养实现了立体养殖，影响光照的均匀分布，必须采取照明设备分层次安装等技术措施，为不同位置的肉鸡提供良好的光照条件。

（四）鸡舍环境控制要求高

笼养模式大幅度提高了存栏量，氨气、硫化氢等有害气体产生量大，因此需要先进的环境控制系统排出有害气体，为鸡群生长提供适宜的温度、湿度等环境条件。

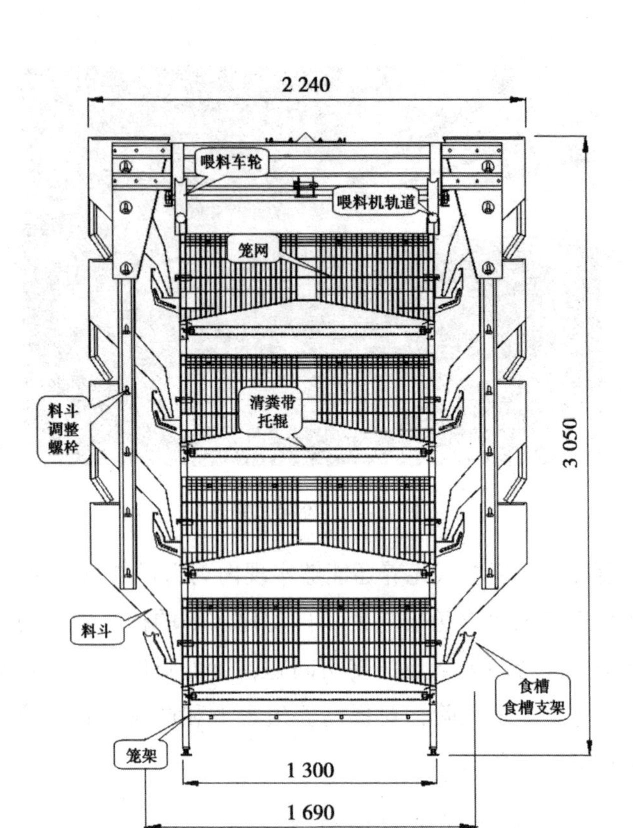

图 6－2　阶梯式笼养剖面（单位：毫米）

二、技术优点

（一）节约土地资源

土地资源紧张是制约肉鸡业发展的刚性制约因素之一，笼养方式单位面积内存栏量是地面厚垫料饲养方式的 2～4 倍，提高了土地利用率（图 6－3，6－4）。

图6－3　传送带清粪

图6－4　配备自动化设备

（二）节约能源

饲养密度的增加，可以充分利用鸡群自身产热维持鸡舍温度，同时环境控制所需的能源等利用效率显著提高（图6－

5，6－6）。

图6－5　灯具错层分布达到光照均匀

图6－6　环境控制系统

（三）劳动强度降低

该模式便于提升机械化、自动化水平，实现了人管设备、设备养鸡、鸡养人，饲养管理人员只需管理设备的正常运行，挑选病死鸡等，劳动效率显著提高。

三、技术缺点

（一）设备投资高

笼养实现了立体养殖，鸡舍高度增加，质量要求高，购置笼具、环境控制等现代化设备需要大量投资，是制约笼养模式推广的主要因素。

（二）人员素质要求高

随着机械化水平的提升，饲养、管理人员将大幅度减少，这就要求饲养人员既要有饲养管理技术，又要懂得饲养设备的维护管理，需要复合型的专业技术人才支撑企业的发展。

第二节　地面厚垫料饲养

一、技术要点

（一）根据垫料资源状况选择合适的垫料

应根据垫料资源（如稻壳、锯末等）状况选择清洁卫生、干燥柔软、灰尘少、吸水性强的优质垫料，禁止使用发霉的垫料（图6－7）。

（二）注意清洁消毒

鸡舍全面清洗、干燥、消毒，垫料铺放均匀后，再进行熏蒸消毒。

（三）适时翻动垫料

垫料厚10～15厘米，根据污染状况翻动垫料，及时更换污染严重或过于潮湿的垫料。肉鸡出栏后将垫料和鸡粪一次性清除。

（四）注意维护饮水线，减少漏水

饮水线漏水会造成垫料潮湿，舒适度降低，容易发生球虫病等疾病，还会促使鸡粪发酵，产生氨气等有害气体。

图6－7　地面厚垫料平养

二、技术优点

厚垫料平养技术简便易行，设备投资少　利于农作物废弃物再利用，粪污资源化利用。

垫料吸潮、消纳粪便等污染物　有利于改善鸡舍环境质量。

垫料松软　保持垫料处于良好状态可减少腿病和胸囊肿的发生。

三、技术缺点

成本高：优质垫料如稻壳、锯末等需求量大，成本较高，而且不同地区的供应状况不同，很难在全国普遍推广。

易发病：虽然垫料对废弃物有一定的消纳能力，但鸡群直接与垫料、粪便等直接接触，如果操作管理不当，容易发生球虫病等疾病。

第三节　网上平养

网上平养是我国肉鸡生产的主要饲养模式之一，不论快大型肉鸡、优质肉鸡，还是817小型肉鸡都适合网上平养模式（图6－8，6－9）。

一、技术要点

（一）合理设计网床高度

目前各地设计网床高度差别较大，从0.5米到1.7米不等。从硫化氢、氨气等有害气体的分布规律来看，离地0.6～1.0米之间浓度较高，网床0.5米高时鸡群恰好处于该区间，设计自动清粪系统及时清除粪便可显著改善空气质量。

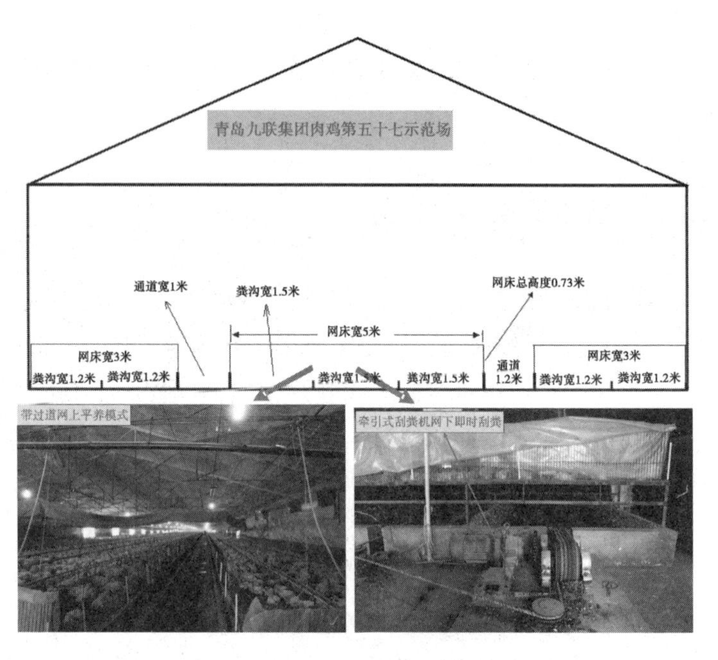

图6-8　带过道网上平养模式

图6-9　无过道网上平养模式

（二）灵活采用网床类型

目前，网床设计主要有两种类型，一种是有过道设计，另一种是无过道设计。前者降低了有效使用面积，但饲养员操作管理较为方便。在饮水、喂料、清粪、鸡舍环境控制等实现自动化控制后，无过道设计应用较多。

（三）加强饲养管理，提高鸡舍环境质量

网床饲养提高了饲养密度，必须加强鸡舍环境控制、生物安全防控等，为鸡群提供良好的环境条件。

二、技术优点

（一）有利于改善鸡舍环境条件

网床饲养为自动清粪提供了条件，减少了鸡粪在舍内发酵所产生的有害气体排放，从根本上改善了鸡舍环境条件。

（二）有利于疫病防控

网上平养使鸡离开地面，减少了与粪便的接触，降低了球虫等疫病的发生概率，有助于减少药物投放，提高食品安全水平。

三、技术缺点

相比地面厚垫料饲养模式，尽管节省了平时购置垫料的费用，但需要购置网床设备，一次性设备投资较大。

第四节　新型发酵养殖模式

山东省农业科学院家禽研究所创造性地把网上平养、阶梯式笼养和发酵养殖技术相结合，建立新型发酵养殖技术。

一、技术要点

在网上平养、阶梯式笼养的自动清粪槽沟内添加发酵垫料，定期机械翻动，促进鸡粪的有氧发酵。

图 6－10　新型发酵养殖模式

二、技术优点

（一）降低有害气体释放

垫料中添加益生菌，通过有氧发酵实现鸡粪成分的转化，减少有害气体排放，改善鸡舍环境质量。

（二）减少鸡粪二次污染

该技术实现了鸡粪鸡舍内发酵，避免了鸡粪外运、储存

过程中的二次污染和生物安全隐患。

（三）增收节支

经过对发酵垫料成分检测，一个肉鸡饲养周期（8 周龄左右），发酵垫料的营养成分就可达到、甚至超过有机肥标准，再经过简单堆积发酵可以作为有机肥上市销售。

（四）生物安全环境得到改善

该模式综合发酵床养殖和网上平养、阶梯式笼养的优点，实现鸡群与发酵垫料的隔离，降低鸡粪、垫料污染对鸡群造成不利影响，提高生物安全水平。

（五）降低劳动强度

在整个饲养期运用机械翻动垫料，肉鸡出栏后清除垫料，而不用饲养期间清粪，降低了饲养员的劳动强度，提高了劳动效率。

三、技术缺点

（一）使用范围受限

该模式仅适用于阶梯式笼养和网上平养模式，无法与地面厚垫料饲养模式和层叠式笼养技术相结合。

（二）推广区域受限

与厚垫料饲养模式一样，需要有廉价、优质垫料资源的地区推广使用。

(三) 需要宣传推广普及有机肥知识

目前广大农民对肉眼观察以垫料为主的有机肥缺乏认识，需推广普及有机肥知识，让农户接受。

附录1　肉鸡标准化示范场验收评分标准

<table>
<tr><td colspan="4">申请验收单位：</td><td colspan="2">验收时间：　　年　月　日</td></tr>
<tr><td rowspan="4">必备条件（任一项不符合不得验收）</td><td colspan="3">1. 场址不得位于《中华人民共和国畜牧法》明令禁止区域，并符合相关法律法规及区域内土地使用规划。</td><td colspan="2" rowspan="4">可以验收□
不予验收□</td></tr>
<tr><td colspan="3">2. 具备县级以上畜牧兽医部门颁发的《动物防疫条件合格证》，两年内无重大疫病和产品质量安全事件发生。</td></tr>
<tr><td colspan="3">3. 具有县级以上畜牧兽医行政主管部门备案登记证明；按照农业部《畜禽标识和养殖档案管理办法》要求，建立养殖档案。</td></tr>
<tr><td colspan="3">4. 单栋饲养量5 000只以上，年出栏量10万只以上。</td></tr>
<tr><td>项目</td><td>验收内容</td><td>评分标准及分值</td><td>满分</td><td>得分</td><td>扣分原因</td></tr>
<tr><td rowspan="3">（一）选址和布局（20分）</td><td rowspan="2">1. 选址（5分）</td><td>距离生活饮用水源地、居民区和主要交通干线、其他畜禽养殖场及畜禽屠宰加工、交易场所500米以上，得3分，否则不得分。</td><td>3</td><td></td><td></td></tr>
<tr><td>地势高燥，背风向阳，通风良好，远离噪声，得2分，否则不得分。</td><td>2</td><td></td><td></td></tr>
<tr><td>2. 基础条件（5分）</td><td>有稳定水源及电力供应，得1分；有水质检验报告，得1分。</td><td>2</td><td></td><td></td></tr>
</table>

（续表）

项目	验收内容	评分标准及分值	满分	得分	扣分原因
（一）选址和布局（20分）	2. 基础条件（5分）	交通便利，场区主要路面硬化，得2分；部分道路硬化，得1分。	2		
		养殖场周围有防疫隔离措施，并有明显的防疫标志，得1分；起不到防疫隔离效果的不得分。	1		
	3. 场区布局（4分）	生产区、生活区、辅助生产区、废污处理区分开，且布局合理。粪便污水处理设施和尸体焚烧炉处于生产区、生活区的常年主导风向的下风向或侧风向处。存在不合理的地方，每处扣1分，扣完为止。	4		
	4. 净道与污道（2分）	净道、污道严格分开，未区分，或在场内有交叉，不得分。	2		
	5. 饲养工艺（4分）	采取按区全进全出模式，得2分，采取按栋全进全出模式，得1分；饲养单一品种，得2分，饲养2种及以上品种，得1分。不同品种同栋混养此项不得分。	4		
（二）生产设施（30）	1. 鸡舍建筑（5分）	鸡舍建筑牢固，能够保温，结构抗自然灾害（雨雪等）的能力；封闭式、半封闭式，得3分；开放式，得1分；简易鸡舍，不得分。	3		
		具有完善的防鼠、防鸟等设施设备，得2分，不完善的，得1分；鸡舍内发现其他动物，不得分。	2		

（续表）

项目	验收内容	评分标准及分值	满分	得分	扣分原因
（二）生产设施（30）	2. 饲养密度（2分）	饲养密度合理，符合所养殖品种的要求，白鸡出栏体重 25～30kg/m^2，快速型黄鸡 20～25 kg/m^2，其他品种符合本品种要求。符合得分，不符合不得分。	2		
	3. 消毒设施（8分）	场区门口设有消毒池，得2分，没有不得分。	2		
		鸡舍门口设有消毒盆，得2分；除空舍外，没有或缺少不得分。	2		
		场区内备有消毒泵，得2分，没有不得分。	2		
		养鸡场人员入口处有更衣消毒室（含衣柜）、淋浴洗澡室、换衣室（含衣柜），得2分，有缺少的扣0.5～1分。	2		
	4. 饲养设备（10分）	有鸡舍通风以及水帘等降温设备，得2分；部分安装扣1～2分、通风不合理不得分。	2		
		有储料罐或储料库，得2分；条件简陋得1分，没有不得分。	2		
		鸡舍配备光照系统，得2分；没有不得分。	2		
		鸡舍配备自动饮水系统，没有或混用不得分。	2		
		鸡舍配备自动加料系统，得2分，不全扣1～2分。	2		
	5. 辅助设施（5分）	有专门的解剖室和必要的解剖设备，并有运输病死鸡的密闭设备；没有固定的解剖室不得分，无解剖设备扣2分，无密闭设备扣1分。	3		
		药品储备室有必要的药品、疫苗储藏设备。有违禁药品不得分，无固定药品储备室不得分，无疫苗储藏设备不得分，药品随意堆放扣1分。	2		

（续表）

项目	验收内容	评分标准及分值	满分	得分	扣分原因
（三）管理及防疫（30分）	1. 制度建设（3分）	有生产管理、防疫消毒、投入品管理、人员管理等各项制度，并上墙，得3分；未上墙扣2分，缺1项扣1分，扣完为止。	3		
	2. 操作规程（5分）	饲养管理操作技术规程合理，并执行良好，得3分；有不合理之处，每处扣1分，扣完为止。	3		
		免疫程序合理，并执行良好；不合理或未严格执行，扣2分。	2		
	3. 档案管理（16分）	2年内，或建场以来的饲养品种、来源、数量、日龄等情况记录完整，有但不全，扣1～2分。	2		
		2年内，或建场以来的饲料、饲料添加剂、兽药等来源与使用记录清楚，有但不全，扣2～3分。	3		
		2年内，或建场以来的免疫、消毒、发病、诊疗、死亡鸡无害化处理记录，有但不全，扣2～4分。	4		
		2年内，或建场以来的完整的生产记录，包括日死淘、饲料消耗等，有但不全，扣2～4分。	4		
		2年内，或建场以来的出栏记录，包括数量和去处，有但不全，扣1～3分。	3		
	4. 从业人员（2分）	有1名以上经过畜牧兽医专业知识培训的技术人员，持证上岗，得2分，否则不得分。	2		

（续表）

项目	验收内容	评分标准及分值	满分	得分	扣分原因
（三）管理及防疫（30分）	5. 引种来源（4分）	所饲养的肉鸡均从有《种畜禽生产经营许可证》的合格种鸡场引种，得3分，否则不得分；进鸡时的种畜禽生产经营许可证复印件、动物检疫合格证和车辆消毒证明保留完好，得1分。	4		
（四）环保要求（12分）	1. 粪污处理（5分）	有固定的鸡粪储存场所和设施，储粪场有防雨、防渗漏、防溢流措施。设施不全的扣2～3分。	3		
	2. 病死鸡无害化处理（5分）	有鸡粪发酵或其他处理设施，或采用农牧结合良性循环措施。有不足之处扣1～2分。	2		
		配备焚尸炉或化尸炉等病死鸡无害化处理设施，得3分。	3		
	3. 环境卫生（2分）	有病死鸡无害化处理使用记录，得2分。	2		
		垃圾集中堆放处理，位置合理，场区无杂物堆放，无死禽、鸡毛等污染物，得2分。	2		
（五）生产水平（8分）	1. 成活率	最近3批平均数≥95%得4分，每降低1个百分点扣1分，扣完为止。	4		
	2. 饲料转化率（料肉比）	最近3批平均数 白鸡：≤2.0，得4分，每提高0.05，扣1分，扣完为止； 快大黄鸡（60天内出栏）：≤2.2，得4分，每提高0.1，扣1分，扣完为止； 中速黄鸡（61～90天内出栏）：≤2.6，得4分，每提高0.1，扣1分，扣完为止。	4		
合计得分			100		

验收专家签字：

附录2 无公害食品 畜禽饮用水水质（NY 5027—2008）

项目		标准值	
		畜	禽
感官性状及一般化学指标	色	≤30°	
	浑浊度	≤20°	
	臭和味	不得有异臭、异味	
	总硬度（以 $CaCO_3$ 计，mg/L）	≤1500	
	pH	5.5～9.0	6.5～8.5
	溶解性总固体，mg/L	≤4 000	≤2 000
	硫酸盐（以 SO_4^{2-} 计），mg/L	≤500	≤250
细菌学指标	总大肠菌群，MPN/100ml	成年畜 100，幼畜和禽 10	
毒理学指标	氟化物（以 F^1 计），mg/L	≤2.0	≤2.0
	氰化物，mg/L	≤0.20	≤0.05
	砷，mg/L	≤0.20	≤0.20
	汞，mg/L	≤0.01	≤0.001
	铅，mg/L	≤0.10	≤0.05
	铬（六价），mg/L	≤0.10	≤0.05
	镉，mg/L	≤0.05	≤0.01
	硝酸盐（以 N 计），mg/L	≤10.0	≤3.0

附录3 畜禽养殖业污染物排放标准（GB 18596—2001）

为贯彻《环境保护法》《水污染防治法》《大气污染防治法》，控制畜禽养殖业产生的废水、废渣和恶臭对环境的污染，促进养殖业生产工艺和技术进步，维护生态平衡，制定本标准。

本标准适用于集约化、规模化的畜禽养殖场和养殖区，不适用于畜禽散养户。根据养殖规模，分阶段逐步控制，鼓励种养结合和生态养殖，逐步实现全国养殖业的合理布局。

根据畜禽养殖业污染物排放的特点，本标准规定的污染物控制项目包括生化指标、卫生学指标和感观指标等。为推动畜禽养殖业污染物的减量化、无害化和资源化，促进畜禽养殖业干清粪工艺的发展，减少水资源浪费，本标准规定了废渣无害化环境标准。

本标准为首次制定。

本标准由国家环境保护总局科技标准司提出。

本标准由农业部环保所负责起草。

本标准由国家环境保护总局 2001 年 11 月 26 日批准。

本标准由国家环境保护总局负责解释。

1　主题内容与适用范围

1.1　主题内容

本标准按集约化畜禽养殖业的不同规模分别规定了水污染物、恶臭气体的最高允许日均排放浓度、最高允许排水量，畜禽养殖业废渣无害化环境标准。

1.2　适用范围

本标准适用于全国集约化畜禽养殖场和养殖区污染物的排放管理，以及这些建设项目环境影响评价、环境保护设施设计、竣工验收及其投产后的排放管理。

1.2.1　本标准适用的畜禽养殖场和养殖区的规模分级，按表 1 和表 2 执行。

表1　集约化畜禽养殖场的适用规模（以存栏数计）

类别 规模分级	猪（头） （25kg 以上）	鸡（只）		牛（头）	
		蛋鸡	肉鸡	成年奶牛	肉牛
Ⅰ级	≥3 000	≥100 000	≥200 000	≥200	≥400
Ⅱ级	500≤Q <3 000	15 000≤Q <100 000	30 000≤Q <200 000	100≤Q <200	200≤Q <400

表2　集约化畜禽养殖区的适用规模（以存栏数计）

类别 规模分级	猪（头） （25kg 以上）	鸡（只）		牛（头）	
		蛋鸡	肉鸡	成年奶牛	肉牛
Ⅰ级	≥6 000	≥200 000	≥400 000	≥400	≥800
Ⅱ级	3 000≤Q <6 000	10 000≤Q <200 000	200 000≤Q <400 000	200≤Q <400	400≤Q <800

注：Q 表示养殖量。

1.2.2　对具有不同畜禽种类的养殖场和养殖区，其规模可将鸡、牛的养殖量换算成猪的养殖量，换算比例为：30 只蛋鸡折算成 1 头猪，60 只肉鸡折算成 1 头猪，1 头奶牛折算成 10 头猪，1 头肉牛折算成 5 头猪。

1.2.3　所有Ⅰ级规模范围内的集约化畜禽养殖场和养殖区，以及Ⅱ级规模范围内且地处国家环境保护重点城市、重点流域和污染严重河网地区的集约化畜禽养殖场和养殖区，自本标准实施之日起开始执行。

1.2.4　其他地区Ⅱ级规模范围内的集约化养殖场和养殖区，实施标准的具体时间可由县级以上人民政府环境保护行政主管部门确定，但不得迟于 2004 年 7 月 1 日。

1.2.5　对集约化养羊场和养羊区，将羊的养殖量换算成猪的养殖量，换算比例为：3只羊换算成1头猪，根据换算后的养殖量确定养羊场或养羊区的规模级别，并参照本标准的规定执行。

2 定义

2.1 集约化畜禽养殖场

指进行集约化经营的畜禽养殖场。集约化养殖是指在较小的场地内，投入较多的生产资料和劳动，采用新的工艺与技术措施，进行精心管理的饲养方式。

2.2 集约化畜禽养殖区

指距居民区一定距离，经过行政区划确定的多个畜禽养殖个体生产集中的区域。

2.3 废渣

指养殖场外排的畜禽粪便、畜禽舍垫料、废饲料及散落的毛羽等固体废物。

2.4 恶臭污染物

指一切刺激嗅觉器官，引起人们不愉快及损害生活环境的气体物质。

2.5 臭气浓度

指恶臭气体（包括异味）用无臭空气进行稀释，稀释到刚好无臭时所需的稀释倍数。

2.6 最高允许排水量

指在畜禽养殖过程中直接用于生产的水的最高允许排放量。

3 技术内容

本标准按水污染物、废渣和恶臭气体的排放分为以下三部分。

3.1 畜禽养殖业水污染物排放标准

3.1.1 畜禽养殖业废水不得排入敏感水域和有特殊功能的水域。排放去向应符合国家和地方的有关规定。

3.1.2 标准适用规模范围内的畜禽养殖业的水污染物排放分别执行表3、表4、表5和表6的规定。

表3 集约化畜禽养殖业水冲工艺最高允许排水量

种类	猪（m^3/百头·天）		鸡（m^3/千只·天）		牛（m^3/百头·天）	
季节	冬季	夏季	冬季	夏季	冬季	夏季
标准值	2.5	3.5	0.8	1.2	20	30

注：废水最高允许排放量的单位中，百头、千只均指存栏数。春、秋季废水最高允许排放量按冬、夏两季的平均值计算。

表4 集约化畜禽养殖业干清粪工艺最高允许排水量

种类	猪（m^3/百头·天）		鸡（m^3/千只·天）		牛（m^3/百头·天）	
季节	冬季	夏季	冬季	夏季	冬季	夏季
标准值	1.2	1.8	0.5	0.7	17	20

注：废水最高允许排放量的单位中，百头、千只均指存栏数。

春、秋季废水最高允许排放量按冬、夏两季的平均值计算。

表5 集约化畜禽养殖业水污染物最高允许日均排放浓度

控制项目	五日生化需氧量（mg/L）	化学需氧量（mg/L）	悬浮物（mg/L）	氨氮（mg/L）	总磷（以P计）（mg/L）	粪大肠菌群数（个/mL）	蛔虫卵（个/L）
标准值	150	400	200	80	8.0	10000	2.0

表6 畜禽养殖业废渣无害化环境标准

控制项目	指标
蛔虫卵	死亡率≥95%
粪大肠菌群数	≤105 个/公斤

3.2　畜禽养殖业废渣无害化环境标准

3.2.1　畜禽养殖业必须设置废渣的固定储存设施和场所，储存场所要有防止粪液渗漏、溢流措施。

3.2.2　用于直接还田的畜禽粪便，必须进行无害化处理。

3.2.3　禁止直接将废渣倾倒入地表水体或其他环境中。畜禽粪便还田时，不能超过当地的最大农田负荷量，避免造成面源污染和地下水污染。

3.2.4　经无害化处理后的废渣，应符合表7的规定。

表7　集约化畜禽养殖业恶臭污染物排放标准

控制项目	标准值
臭气浓度（无量纲）	70

3.3　畜禽养殖业恶臭污染物排放标准

3.3.1　集约化畜禽养殖业恶臭污染物的排放执行表8的规定。

表8　畜禽养殖业污染物排放配套监测方法

序号	项目	监测方法	方法来源	序号	项目	监测方法	方法来源	序号	项目	监测方法
1	生化需氧(BOD 5)	稀释与接种法	GB 7488—87	1	生化需氧(BOD 5)	稀释与接种法	GB 7488—87	1	生化需氧(BOD 5)	稀释与接种法
2	化学需氧(COD cr)	重铬酸钾法	GB 11914—89	2	化学需氧(COD cr)	重铬酸钾法	GB 11914—89	2	化学需氧(COD cr)	重铬酸钾法
3	悬浮物(SS)	重量法	GB 11901—89	3	悬浮物(SS)	重量法	GB 11901—89	3	悬浮物(SS)	重量法

注：分析方法中，未列出国标的暂时采用下列方法，待国家标准方法颁布后执行国家标准。

（1）水和废水监测分析方法，中国环境科学出版社，1989。

（2）卫生防疫检验，上海科学技术出版社，1964。

3.4 畜禽养殖业应积极通过废水和粪便的还田或其他措施对所排放的污染物进行综合利用，实现污染物的资源化。

4 监测

污染物项目监测的采样点和采样频率应符合国家环境监测技术规范的要求。

5 标准的实施

5.1 本标准由县级以上人民政府环境保护行政主管部门实施统一监督管理。

5.2 省、自治区、直辖市人民政府可根据地方环境和经济发展的需要，确定严于本标准的集约化畜禽养殖业适用规模，或制定更为严格的地方畜禽养殖业污染物排放标准，并报国务院环境保护行政主管部门备案。

附录4 食品动物禁用的药物及化合物

兽药及其他化合物名称	禁止用途	禁用动物
β-兴奋剂类：克仑特罗 Clenbuterol、沙丁胺醇 Salbutamol、西马特罗 Cimaterol 及其盐、酯及制剂	所有用途	所有食品动物
性激素类：己烯雌酚 Diethylstilbestrol 及其盐、酯及制剂	所有用途	所有食品动物
具有雌激素样作用的物质：玉米赤霉醇 Zeranol、去甲雄三烯醇酮 Trenbolone、醋酸甲孕酮 Mengestrol，Acetate 及制剂	所有用途	所有食品动物
氯霉素 Chloramphenicol、及其盐、酯（包括琥珀氯霉素 Chloramphenicol Succinate）及制剂	所有用途	所有食品动物
氨苯砜 Dapsone 及制剂	所有用途	所有食品动物
硝基呋喃类：呋喃唑酮 Furazolidone、呋喃它酮 Furaltadone、呋喃苯烯酸钠 Nifurstyrenate sodium 及制剂	所有用途	所有食品动物

（续表）

兽药及其他化合物名称	禁止用途	禁用动物
硝基化合物：硝基酚钠 Sodium nitrophenolate、硝呋烯腙 Nitrovin 及制剂	所有用途	所有食品动物
催眠、镇静类：安眠酮 Methaqualone 及制剂	所有用途	所有食品动物
林丹（丙体六六六）Lindane	杀虫剂	水生食品动物
毒杀芬（氯化烯）Camahechlor	杀虫剂、清塘剂	水生食品动物
呋喃丹（克百威）Carbofuran	杀虫剂	水生食品动物
杀虫脒（克死螨）Chlordimeform	杀虫剂	水生食品动物
双甲脒 Amitraz	杀虫剂	水生食品动物
酒石酸锑钾 Antimonypotassiumtartrate	杀虫剂	水生食品动物
锥虫胂胺 Tryparsamide	杀虫剂	水生食品动物
孔雀石绿 Malachitegreen	抗菌、杀虫剂	水生食品动物
五氯酚酸钠 Pentachlorophenolsodium	杀螺剂	水生食品动物
各种汞制剂包括：氯化亚汞（甘汞）Calomel，硝酸亚汞 Mercurous nitrate、醋酸汞 Mercurous acetate、吡啶基醋酸汞 Pyridyl mercurous acetate	杀虫剂	动物
性激素类：甲基睾丸酮 Methyltestosterone、丙酸睾酮 Testosterone Propionate、苯丙酸诺龙 Nandrolone、Phenylpropionate、苯甲酸雌二醇 Estradiol Benzoate 及其盐、酯及制剂	促生长	所有食品动物
催眠、镇静类：氯丙嗪 Chlorpromazine、地西泮（安定）Diazepam 及其盐、酯及制剂	促生长	所有食品动物
硝基咪唑类：甲硝唑 Metronidazole、地美硝唑 Dimetronidazole 及其盐、酯及制剂	促生长	所有食品动物

注：食品动物是指各种供人食用或其产品供人食用的动物

附录5　肉鸡常用基础参数

1　肉鸡体重及每周龄时的料肉比

单位：kg

肉鸡品种	鸡龄		公		母		混合初生雏	
	周龄	日龄	体重	料肉比	体重	料肉比	体重	料肉比
艾维茵	1	7	0.159	0.84	0.150	0.86	0.154	0.85
	2	14	0.418	1.06	0.381	1.08	0.400	1.07
	3	21	0.731	1.23	0.654	1.25	0.690	1.24
	4	28	1.139	1.38	1.003	1.42	1.071	1.40
	5	35	1.621	1.54	1.394	1.58	1.507	1.56
	6	42	2.143	1.7	1.811	1.75	1.979	1.72
	7	49	2.674	1.86	2.229	1.93	2.452	1.89
	8	56	3.205	2.05	2.642	2.12	2.924	2.08
爱拔益加	1	7	0.170	0.87	0.160	0.88	0.165	0.87
	2	14	0.420	1.08	0.390	1.10	0.405	1.09
	3	21	0.770	1.25	0.690	1.27	0.730	1.26
	4	28	1.200	1.40	1.060	1.44	1.130	1.42
	5	35	1.700	1.56	1.470	1.60	1.585	1.58
	6	42	2.245	1.72	1.905	1.77	2.075	1.74
	7	49	2.800	1.8	2.340	1.95	2.570	1.91
	8	56	3.345	2.06	2.765	2.13	3.005	2.09

2　温度、湿度控制

日龄或周龄	温度（℃）	湿度
1～2天	34	70%～75%
3～4天	32	70%～75%
5～7天	30～32	60%～70%
2周	27～29	60%～65%

（续表）

日龄或周龄	温度（℃）	湿度
3 周	24～26	55%～60%
4 周	21～23	50%～60%
5 周后	20～21	

3　饲养密度

体重 （kg/只）	参考日龄 （天）	厚垫料平养 （只/m²）	网上架养 （只/m²）
1.4	35	14	18
1.8	40	11	14
2.0	43	10	12.6
2.3	49	9	11
2.7	55	75	9
3.2	63	6.5	8
单位面积载重量（kg）		20	25

4　光照程序

日龄	小时（h）
1～3 天	24
4～14 天	20
15～28 天	16
29～42 天	20～22

5　室温与饮水时量 kg/100 鸡

周龄＼环境温度	10℃	21℃	32℃
1	2.5	3.0	4.0
2	5.0	6.0	10.0

（续表）

周龄＼环境温度	10℃	21℃	32℃
3	6.5	9.0	21.0
4	9.0	12.0	27.0
5	11.0	15.5	33.0
6	14.0	18.5	39.0
7	17.5	21.5	43.0
8	19.0	23.5	45.0

6　室温与饮水、采食量的关系

室温℃	4	10	16	21	27	38
饮水量/采食量	1.7	1.7	1.8	2.0	2.8	4.5

附录6　参考免疫程序、用药程序及消毒程序

商品肉鸡免疫程序

7日龄	新城疫Ⅳ系 新城疫Ⅳ系—传支 H_{120} 肾型传支 有条件的鸡场同时 新城油苗0.3mL/只	1倍量 1倍量 } 倍量混合滴鼻点眼 颈背皮下注射
14日龄	法氏囊苗	1倍量饮水
25日龄	新城疫Ⅳ系	2倍量饮水或滴鼻点眼、喷雾

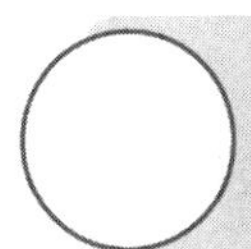

主要参考文献

曹顶国.2010. 轻轻松松学养肉鸡［M］. 北京：中国农业出版社.

常泽军，杜顺丰，李鹤飞.2006. 无公害农产品高效生产技术丛书-肉鸡［M］. 北京：中国农业大学出版社.

陈理盾，李新正，靳双星.2009. 禽病彩色图谱［M］. 沈阳：辽宁科学技术出版社.

刁有祥.2012. 鸡病诊治彩色图谱［M］. 北京：化学工业出版社.

郭庆宏.2008. 无公害肉鸡安全生产手册［M］. 北京：中国农业出版社.

黄仁录.2003. 肉鸡标准化生产技术［M］. 中国农业大学出版社.

李如治.2004. 家畜环境卫生学［M］. 北京：中国农业出版社.

刘晨，许日龙.1992. 实用禽病图谱［M］. 北京：中国农业科技出版社.

逯岩，曹顶国.2014. 高效养优质肉鸡［M］. 北京：机械工

业出版社.
逯岩，刘长春.2012. 肉鸡标准化养殖图册［M］. 北京：中国农业科学技术出版社.
彭喜斌.2007. 饲料学［M］. 北京：科学出版社.
杨凤.2007. 动物营养学［M］. 北京：中国农业出版社.
杨宁.2002. 家禽生产学［M］. 北京：中国农业出版社.
杨山，李辉.2001. 现代养鸡［M］. 北京：中国农业出版社.